湛庐CHEERS

与最聪明的人共同进化

HERE COMES EVERYBODY

CHEERS
湛庐

Just Enough Design

刚刚好的设计

[日] 佐藤卓 著
Taku Satoh
巩剑 译

浙江科学技术出版社 · 杭州

你了解日式设计的核心吗?

扫码加入书架

领取阅读激励

- 佐藤卓设计哲学的核心是：

  A. 谦逊

  B. 简洁

- 佐藤卓认为，好的设计需要：（单选题）

  A. 表达自己的个性

  B. 具有独一无二的标志性风格

  C. 建立人与自然的连接

  D. 建立人与事物更为智能的联系

扫码获取全部测试题及答案，一起走进佐藤卓的设计哲学

- 佐藤卓崇尚“刚刚好的设计”，也就是“适可而止的设计”。以下哪一项不适合应用这种设计理念（单选题）？

  A. 筷子

  B. 屏风

  C. 冰箱

  D. 包袱布（用来搬运或收纳）

扫描左侧二维码查看本书更多测试题

推荐序 1
Just
Enough
Design

HODO-HODO，佐藤卓眼中的美好与舒适

浅叶克己
日本平面设计师
东京字体指导俱乐部创始人兼会长

我很高兴佐藤卓先生的著作《刚刚好的设计》已经由熟悉日本设计的巩剑女士翻译并出版。这本书收录了他在设计生涯的不同阶段所写的十几篇短文，包含了他对设计理念、设计教育以及大众对设计的误解等的分析，并插入了各时期的代表性作品。此外，中文版还增加了一些有趣的新作品。

日语“HODO-HODO”意为刚刚好，这是这本书的关键

词。它代表佐藤卓先生的价值标准，反映了他对何为美好或舒适的看法。我有幸与他一起在国际平面设计联盟和日本各地参加讲座，担任评审，见证了他对所遇事物进行批判性观察的热情。在经过大量观察和思考后，佐藤卓先生确信的一点就是“HODO-HODO”，这反映了一种以日本文化为背景的设计美学，也是他的生活态度。

例如，餐具箸、收纳用品风吕敷和家具屏风并非艺术品，也不是特别方便的物品，但它们存在于实际生活中，不仅满足功能性需求，还能触动我们的身心，引发思考。此外，尽管在日本经济高速发展的时期，家用电器泛滥，便利性成为现代设计的目标之一，佐藤卓先生也不忘指出这种便利性所带来的负面影响，即人类身体和大脑的退化。在享受现代设计的便利性并亲自创作的同时，他似乎也在提醒我们，这些设计不应破坏迷人的民族文化和生活感，并将这一点作为一种价值点来明确表达和提出警告。我经常被父母提醒要“适可而止”，超过某个限度，就会变得固执。有时候我会因为过于固执而失败，之后就会反思如果当时能适度行事就好了。

在这本书中，你可以看到佐藤卓先生敏锐的感受力和幽默感。例如他提问，一家美味的拉面馆是不是像美发沙龙一样干净呢？或者在一家由混凝土浇筑而成、拥有新式风格的咖啡馆里，坐在具有现代风格的椅子上吃拉面又会是怎样的体验呢？想象这样的场景时，我不禁笑了出来。他的描述让人容易理解，同时也引人深思。他还解释说，在日本，让人们垂涎的拉面馆往往隐藏在随着时间风化的木式建筑中，并借此阐述了 20 世纪在日本发起的民艺运动。这个运动是为了应对西方现代设计的冲击，强调在日常生活中重视使用本土的设计和手工艺品，是一场将目光集中于日本日常生活工具的设计运动。他在书中这样写道：

我建议，今天我们遵从最开放的天性，更进一步去审视那些一直存在着的空间和事物，即便它们既不动人心弦，也非美丽异常，但会有助于我们认识真正的日本美学的价值。事实上，每当我陪同来自国外的游客前往一家老旧却美味的拉面馆或居酒屋时，他们都会开心地惊呼："这就是我期待找到的地方！"

佐藤卓先生平时自称为"平面设计师"，因为他具备了相关的平面设计技能。然而，他的好奇心远远超越了二维的平面媒介，涵盖了三维的媒介、空间、声音和鉴赏等多个面向，他因此参与了多种多样的项目。这本书中也包含了许多关于媒介关系、数字与类比之间的见解，例如，"既然我们有幸拥有无法用机械交换的人类的身体，为什么不让它发挥应有的作用呢？"书中的金句彰显了他的深思熟虑。

佐藤卓先生对于这世上"应该创造什么样的设计"，以及同等重要的"即使被委托，也应该避免哪些设计"有着明确的判断标准。他在这本书中慷慨地分享了这些观点和秘诀，这让我感到非常高兴。

是时候重新评估刚刚好的生活了

琳达·霍格兰德（Linda Hoaglund）
双语电影导演和制片人

这本书的撰写始于 2019 年，那一年，佐藤卓提出让我和他一起完成一本有关他个人设计哲学的英文书。我第一次见到佐藤卓还是 10 年前，当时他正为著名摄影师石内都设计她的作品集。石内都将镜头对准了广岛遇难者曾经穿过的衣物，这也成为我的第三部电影《身后的事》（*Things Left Behind*）的主题。数年来，作为设计师，佐藤卓在日本一直备受尊敬和追捧。他突破品类限制，一手打造了无数项目，包括 1984 年标志他职业生涯起点的可重复利用的威士忌瓶、为三宅一生的标志性立体褶皱服装品牌 PLEATS PLEASE 设计的全球系列创意海报，以及由他担任艺术指导的那档深受日本儿童喜爱的电视节目。由于对佐藤卓既巧妙又内敛的解决方案印象颇为深刻，三宅一生还邀请佐藤卓共同创立了位于日本东京的知名设计展览空间 21_21 DESIGN SIGHT。

可能你记不住“佐藤卓”这个名字，但你一定会对他为 PLEATS PLEASE 设计的动物系列海报上那只腼腆的企鹅印象深刻，这是因为在佐藤卓的设计哲学中，谦逊是其核心。他会刻意抛开自我意识和先入为主的观念，以便能够确认每个项目的本质并加以提炼。作为一名设计师，他认为设计的首要目标是增进交流。他曾说过：“在这一领域工作了几十年后，我确信设计是将人与事物连接起来的技能，好的设计就是建立起更智能的联系。”“将人与事物连接起来，以全新的策略应对不同的项目，意味着每一次设计都要采用一种独特的方式，这需要保持灵活性，拥有变通的思维，而非执着于某种单一的、具有标志性的风格。设计的核心绝对不是要表达自己的个性”。

PLEATS
PLEASE
ISSEY MIYAKE

佐藤卓成长于 20 世纪 60 年代，当时正值日本经济高速发展的时期，日本前工业时代的遗产与风俗习惯、日常用品混合在一起。当时的匠人仍以手工制作精致玩物、器皿和工具为荣，他们使用有机材料，以大多数人能够负担得起的价格出售。尽管人们已经从第二次世界大战期间及其结束后的 20 世纪四五十年代的极度贫困中恢复过来，但仍然小心翼翼地使用着衣物等日常用品。一旦有破损的情况出现，人们不会将它们直接丢弃，而是修修补补以延长其使用寿命。儿时的这些生活习惯和基本价值观成为佐藤卓今日设计哲学的基础，同时也激发了他对 20 世纪 80 年代以来，伴随日本经济蓬勃发展出现的无所不在的便利的反思。就这样，在他职业生涯的早期，当可持续发展的口号还未喊出时，佐藤卓就设计了一款可重复利用的威士忌瓶，旨在引导人们喝完最后一滴威士忌后，将酒瓶保留并重复利用。

佐藤卓的设计理念，可以从他的童年时期上溯至日本的江户时代。1603—1868 年这两个半世纪以来，日本曾经“与世隔绝”，在国内一派平和的氛围中欣欣向荣地发展，不经意间也将工业化进程推迟到 19 世纪末。虽然当时日本的首都已经是一座比同时期的伦敦人口还要多的大都市，但那里的一切都还维持着手工制作的传统。例如，描绘了富士山、歌舞伎明星和标志性巨浪的精致木版画，只需一碗面条的价格便可收入囊中。

工匠们在 12 岁时成为学徒，历经 10 年培训之后，用余生打磨和完善各自的技艺，这群人在日语中被称作“職人”。从纺织品到榻榻米垫，从扫帚到雨伞，无论是木版画还是折叠屏风……他们都能手工制作。虽然这些手作优雅且精致，但并不会被称为艺术品，也没有署名。相比“艺术家”的头衔，“職人”更看重的不是身份，而是自己的作品。事实上，在当时的日本社会，甚至没有“艺术”或“艺术家”一词，“職人”的手工制作与日常生活所需的实用功能紧密相连。佐藤卓在本书开篇中提到的大型日式屏风，如今虽被世界各大博物馆收藏，但在当年的寻常百姓家中，它只是划分空间的隔断。

在江户时代，也没有“垃圾”或“废品”这样的词语存在，因为并没有什么东西是可以直接丢弃的，所有物品都可以重复使用。当时二手和服市场生意兴隆，而手工织就的布料与和服尺寸恰好保持一致。和服穿坏后可以改为被褥，进而再改为清洁用的抹布，直至完全破碎无法使用，它们才会被丢进废弃物中，成为肥料供农民使用。

今天的日本，有人致力于恢复江户时代的实物及其所蕴含的文化价值，佐藤卓就是其中之一。在过去的 10 年中，他一直担任着几个世界文化遗产项目的创意总监，石见银山遗址就是这些项目之一。石见银山曾经是江户时期一座繁华的银矿之城，后因银矿关闭而遭废弃，如今又在一片废墟上焕发新生。该区域的建设旨在重现昔日珍宝，创造性地使其既能继续服务于今日生活，又能与自然和谐共生。又如手工服饰品牌 Gungendō，就是以一所传统农舍作为制作基地，特意将植物性染料与传统工艺相结合，进而制作出适合当代生活的时尚服饰。越来越多的游客被吸引到这个依山而建的偏远小城，他们入住由传统日式住宅翻新而成的客栈，欣赏当地居民努力建设后的成果。日本其他地方的偏僻村镇亦纷纷效仿，开始重新评估他们的生活环境，恢复长期以来被忽视的手工技艺和生活方式。佐藤卓与他们合作，是因为相信这种共创模式有望将日本从只注重经济繁荣发展的状态中挽救出来。

在佐藤卓与我见面讨论这本书时，我们彼此都未曾料到，仅仅 1 年的时间，新冠病毒感染疫情就让我们熟悉的世界停摆，使我们对生活的那些基本预设瞬间废止。当疫情在全球暴发，人们开始重新评估个体与人类命运共同体之间的优先和权重时，佐藤卓根植于几个世纪以来日本可持续手工技艺的设计理念，突然变得极具参考性。我想这其中的原因，也许是在重新思考人们在这个星球上的未来时，我们也是时候重新评估到底什么才是刚刚好的生活了。

这本书让我很受触动，日本作为排名世界前列的设计国家，一直是我们学习的榜样。在这本书里，佐藤卓先生对日本设计异常冷静、客观的思考和审视，让我们反思快消时代“语不惊人死不休”的设计，克制、节俭的设计观让我非常敬佩。当“计划报废”等手段成为争夺消费市场趾高气昂的策略时，我们是否已经违背设计的本质了？过度设计把消费者变得喜新厌旧、铺张浪费，形成“我消费故我在”的观念与习惯。但是正如书中提到的箸、风吕敷这样的像透明玻璃杯一样的设计，它们实用、便捷，一物多用，可超越时空，一直沿用至今，让人在节制的生活中达到人与自然的和谐共处，这是不是一种更好的设计？同时，作者鼓励重复使用，认为选对字体也是设计，这些观点是对浮躁的形式至上设计的一种反思。

刘钊

中央美术学院副教授，国际文字设计协会理事

设计不仅仅是创意与美学的结合，更是精细管理与策略的体现。书中提出的“刚刚好”理念，不仅是对设计本质的深刻理解，也是对设计过程的精准把控，揭示了如何在满足功能需求与追求美感之间找到最佳平衡点的方法。这种平衡不仅提高了设计的质量，也优化了设计团队的效率和合作方式，不仅为设计师提供了宝贵的实践指南，更为设计管理者提供了深刻的管理洞见。希望每一位设计从业者都能从中汲取智慧，创造出既美观又实用的卓越设计作品，真正实现设计的刚刚好。

贾伟
LKK 洛可可创新设计集团董事长，艺术家

刚刚好，有多好

《刚刚好的设计》英文原版于 2022 年 10 月出版，作者是佐藤卓本人，英文编译是日裔美国女制片人琳达 · 霍格兰德。2009 年二人因与摄影师石内都的工作交集而结识，10 年后他们共同完成了这本有关佐藤卓个人设计哲学的英文著作。

我于去年 11 月接到湛庐的翻译约稿，为了缓解一时间的紧张情绪，编辑老师在最初的介绍中特别强调了“开本不大，内容不多，一百多页”。虽说如此构建起的第一印象确实让人放松不少，但真正令我平静下来开始审视这一工作本身的还在于英文原版的封面设计。由于其时编辑老师手中也只有书稿，我开始尝试在网上搜索原书的实际样貌。从搜索结果来看，这位设计界前辈的新作的的确确就是一本典型的口袋书，虽然质感轻薄，气质亲切，却又不失学科智慧应有的严谨和深度。而能够做到隔着屏幕传递出如此直观感受的不过是一个看起来中规中矩、平淡无奇的封面设计：于素净的底色上，放置了一件老作品的照片。

对于了解佐藤卓的读者来说，这张封面用图并不陌生，它来自 1984 年佐藤卓成为自由平面设计师后接手的第一个项目——一甲纯麦威士忌项目，图片由佐藤卓设计事务所提供。通常，包括封面在内的书籍设计，都是经由作者本人确认后的结果。那么，为何要在自己的新书封面上选择使用这样一张老照片呢？这成为接触这本书后出现的第一个问题。我猜大部分读者在面对这个问题时的第一反应都跟我差不多：是因为这个项目及其对应的设计理念，对于作者而言有着非比寻常的意义吧。

通过这次翻译工作，让我对佐藤卓的作品、理念、兴趣爱好、心理活动甚至语气神态都有了更多的了解。也是因此，在内文的翻译工作结束后开始思考中文版的封面设计时，我再次打量起英文原版的封面配图，突然间意识到，无论是强调该项目对于设计师本人的重要性，还是借由一件开山之作表达“刚刚好”的设计理念自始至终都存在，如此简单直白的出发点，怎么看都不像是那位善于发现“鲸鱼在喷水”的佐藤先生甘愿给出的解决方案啊。所以这一次，他把伏笔埋在了哪里呢?

仔细对比之后我发现，首先，封面用图并未选择对于一甲纯麦威士忌这个项目而言更具代表性、也更为经典的装有威士忌的宣传主图，而是采用了一个毫无商业气息的日常画面；其次，眼前这张图片也并非取自项目发布之初的那组原图，虽有更新，却采取了同样的拍摄方式，以至新旧两版图片的画面几乎一模一样，个中细微差别仅仅在于酒瓶中储存的食材不同。尝试还原一下这份坚持的缘由，可以说，这一次醉翁之意是真的没在酒了，而是那只酒瓶。透过一个朴素的、富含生活气息的场景，佐藤卓将他的心声娓娓道出：“没错，还是那只 40 年前的瓶子啊，它就这样被一直沿用到今天，尽管里面存放的食材换过一茬又一茬，但它依旧耐用并且好看不是吗？这也正是刚刚好的设计的意义嘛！”我想，未来如果有机会见到作者本人，一定要当面跟他确认这个“内涵”。也是因为有了这层考虑，我明确了中文版封面的设计方向：尽可能维持原版的设计，一个刚刚好的封面设计。

由于此前不曾接触图书翻译工作，过程中不免忐忑，其中最常思考两个问题，一是书名，这很关键，该怎么去理解，又以何种方式转译？二是相较此前出版的收录有更多案例的佐藤卓合集，这本新书又有哪些不同之处以及亮点？

原书名 Just Enough Design 中的 Just Enough，翻译自日语中的“ほどほど”。在本书收录的第一篇文章中，作者对于该词的出处以及含义有过简单描述。此外，我还向一位日语专业的朋友请教了该词的释义，作为一个日语中的副助词，从语法功能上，它既可以表示“程度”，也可以表示“限定”，前者侧重于“恰如其分”，后者对应“适可而止”。综合英文书名对应的释义，在中文书名的翻译选项中，除了最终确定的“刚刚好的设计”外，我还曾提出过“适可而止的设计”、“点到为止的设计”，以及编辑老师建议的“设计如水”和“可持续的设计”。作为这本书的英文编译，霍格兰德应当与佐藤卓就书名的翻译有过专门沟通，这其中讨论的重点自然少不了对于“ほどほど”一词的把握。虽然两人在书中均未对此有所提及，但在一篇由美国设计网站 hunker 发布的采访中，针对新书书名中“ほどほど”一词，佐藤卓曾做出过如下阐释，我想这些内容或多或少都曾出现在他与霍格兰德的交流当中。

佐藤卓说，如果有人使用“ほどほど”喊停时，那么他们的意思是见好就收，或者是在过火之前停手吧。有时家长也会对孩子使用这个词语，如果他们玩游戏时间太久的话。

另外，在一些特定情况下，它还会被用来形容未完成的或不完整的事物，而在设计界，可能用于指代那些看起来一般般、不怎么样的作品。相应地在这本书中，佐藤卓正是围绕着一类貌似普通的甚至是未完成的，但却又是有意识地以退为进的设计作品展开讨论的。伴随时间的演进，设计所能持续生发的积极影响是他非常看重的品质。同时，在这篇采访中他亦提到自己也曾一度将“全部完成”作为工作目标，但如今通过少设计而非多设计，为事业构建了新的可能性。

如此看来，即便在传统意义层面“ほどほど”略带负面色彩，但将其带入书名中，显然是一种刻意为之的反差。综合英文书名中 Just Enough 一词对应的轻松易懂，在一众翻译选项中，“刚刚好的设计”成为最契合的那个。

说到内容方面的新意和亮点，作为书名的“刚刚好的设计”自然首当其冲，通过这一设计理念，佐藤卓重新校正了身为设计师的个体与设计目标之间的关系。在阐述过程中，他从设计的历史、定义、当下问题以及对于未来的影响等多个角度出发，给出总结自工作及日常生活的实际建议。其次，相较此前出版的案例合集，这一次新增了一部分发布于2006年之后的重点案例。再次，在编排方式上，区别于一般作品集常见的、将案例及其简介以时间为线索进行线性排列的编辑方式，书中穿插有十余篇作者写在职业生涯各个阶段的设计心得，内容既有设计理念、设计教育方面的长期思考，也有围绕存在于大众层面的对于设计误解的剖析。这些文章并无规律地出没在新老案例之间，像是由思绪搭建起的隔断，为阅读平添了几许不同的节奏感，以及更为重要的，让我们对案例的解读也有了更为新鲜且实际的视角。个人认为在这其中最为突出的还是作者在设计教育方面的一系列心得。对于1955年出生的佐藤卓而言，有关教育这一话题的感悟和输出，想必已是年龄使然。配合幽默风趣的性格特点，怎么说呢，他就是能想出“为什么非要让自己顶着圆形或红色设计专家的头衔度过一生”这样的类比，反问如此执着于标志性设计的意义究竟何在？以及，“不管怎样，都不希望那个抢座的年轻人成为设计师啊”这种暗忖，实在是令人忍俊不禁。

写在最后，分享一个意外收获的发生在佐藤卓身上“刚刚好”的瞬间，没准儿它还会将你对这本书的预期拉高一点点。就在中文版书名确认后不久，我的同事，即 A Black Cover Design 工作室艺术指导广煜老师谈到这位设计界前辈时，回忆起多年前二人因为共同受邀担任评委工作的一次相遇：在白天紧锣密鼓的评审工作结束后，主办方安排全体嘉宾前往 KTV 小聚放松，“那天晚上，我看到佐藤卓夫妇两个人一起 K 歌，他们不仅一边唱，还一边跳！”这画面感，扑面而来了！于是我追问广老师他们唱的是哪首歌？“就是小黄人也唱过的那首 *Happy* 啊！”哈哈，原来在佐藤先生的生活里，也一样充满了“刚刚好”啊！

目录

Just Enough Design

Just Enough Design

刚刚好的设计

ほどほど，意为“刚刚好”，是一个源自古代日本的奇妙短语。它的出现至少可以追溯到 11 世纪，在具有开创性的小说《源氏物语》中，作者紫式部曾使用它指代那些与自身拥有的社会身份或地位相匹配的人。如今，它的含义更加广泛，既可以对应“一般般”，也可以解释为“刚刚好”。ほどほど属于日语中数以千计的拟声词之一，它能够根据上下文语义的不同，传达出微妙的差别。当我完成的设计项目越来越多时，我也越来越能体会到这个词语背后的深层含义。在日语中，ほどほど可以指在事情还未完成前就停手，而在设计中，它可以被理解为“刚刚好的设计”。乍一听，这似乎不是什么好设计，但如果将其理解为“设计到一个刚刚好的程度”或“适可而止”，则无疑会改变你的印象。换句话说，我想用它来表达一种刻意的克制，当然，这也需要事先对理想的完成状态有充分的认识。

在未完成前便停下，是为了给突发状况留有余地，也使我们有可能根据个人特有的敏感性去调整对策。你可以认为，这是我们为了让自己得以重新校正个体与目标之间的关系而留下的空间。鉴于每个人都有自己的价值观和行为准则，当面对一个毫无余地的目标时，我们当中的很多人会因层层封堵而感到窒息。同样地，当一个目标看起来像是在嘲弄我们，冲我们说“你得为了我这么干！”或是令人毫无头绪、无从下手时，这些情况都等同于没有余地。品牌与设计师往往会一味追求精益求精，好像是在打磨一件艺术品。但设计不存在固有价值，它的价值来自个体与目标共同推进的关系当中。鉴于不同个体的侧重不同，难道我们不应该将设计控制在一个刚刚好的程度，留出余地以备不时之需吗？这就是空间存在的意义。

在这个模棱两可的词语中，隐含着有关设计作用的珍贵经验。这一点，在几个世纪以来日本人一直使用的基本工具中可见一斑。

如果重新审视日本人与日常工具之间的关系，我们就能够发现一种鲜明的日本设计理念。例如，有一类工具，它们的存在是以使用者的能力为前提的，这其中最典型的例子便是“箸”。它是一种餐具，在英文中写作 chopsticks。通过熟练操作两根末端同步变细的锥形小木棍，人们得以进食，夹起从米粒到土豆的任何东西。这种看似简单的工具还可以用来分割、刺穿包括肉食在内的软性食材，搅拌酱汤，将滑溜溜的裙带菜送入口中，将紫菜包裹在饭团上，等等。由于日本人从小就开始接触它，因此能够每天自然地、熟练地使用它。

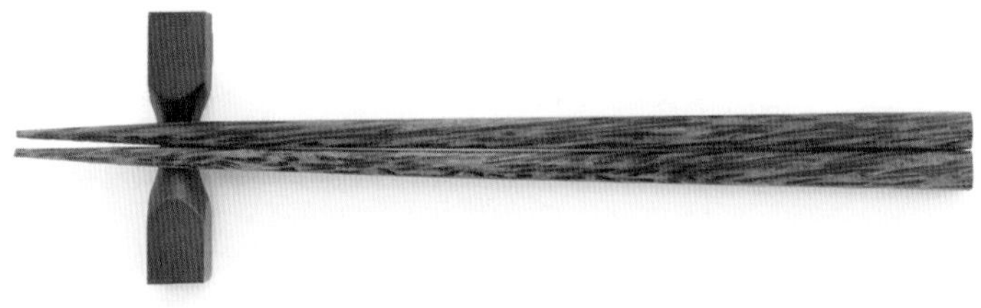

在箸上，我们能够看到一种完全不同于西方刀叉的设计关系。为了更加便于抓握，现在的刀叉一般都设有手柄，且手柄的样式往往透露出某些设计特色。相较之下，箸不设手柄，也没有任何抓握的提示，意即在箸的设计中，不存在“你需要这样来使用”的指引。恰恰相反，本质上就是两根木棍的箸，平静地表白着：“你想怎么用就怎么用吧。”所以我完全可以想象，那些初来乍到的外国人第一次使用箸时该有多么困惑。但一旦他们弄明白了，那么箸作为餐具的高效性也是无可比拟的。

就是如此简单的两根小木棍，推动了人类潜能的不断开发，与之同步进化的还有灵活优美的手部动作。在日本，人们不会去琢磨箸还能怎么做得更加便利，因此，箸不像西方刀叉那样持续进化，它基本上保持了两根小木棍的原始形态。而且人们通常使用木头或竹子制作箸，而非金属材料。此外，通过对锥形尖端的精细调整，箸在最大程度上适应了使用者对于灵敏操作的特殊要求。通过精心的上漆工艺以及精选的木材，箸也体现了日本的传统习俗。这就是日常生活揭示出的一种日式设计的理念：为了超越，我们需要保持刚刚好的克制。

餐具的演变伴随着人类与食物之间关系的变更，因此，它必须放在国家或地域餐饮文化的大背景下讨论。在这一前提下，一方面，越来越多的国际化食品行销全球，而箸则依旧保持着它鲜明的日本特色；另一方面，日本料理的流行让越来越多其他国家的人能够熟练地使用箸进餐。我想说，与其关注那些由知名设计师大张旗鼓操刀的设计项目，不如重新审视一下默默无闻的箸吧，它身上充满了日本人可以自豪地向全世界展示的日式设计精髓。

风吕敷也具有代表性，它是出行时用于包裹行李物品的一块正方形织物，可以配合不同的收纳需要。人们可以在这样一块织物上随意发挥，产生多达几十种包扎方式，在使用后也可以直接折叠存放。它既无手柄，也无接缝的特色是一种刻意为之的设计，人们仅仅用一块布自由包扎，就能形成样式各异的口袋。当人们习惯于优先考虑便捷性时，这种工具貌似已经过时了。但出乎意料的是，激发了人类聪明才智和适应能力的风吕敷，成功地留存至这个任何包裹都能直达家门口的时代。它的存在本身恰恰对应了刚刚好、不过度的设计精髓。显而易见，这块原本就方方正正的织物，在平面设计上的潜力是无穷的。在这个重视便捷性的时代，我们不断为每一种需求创造新的可能，进而不断推出新的设计。反观这样一块在某种程度上甚至可以说有些麻烦的织物，却恰恰因为克制的设计，而成为一张可以无限表达自我的画布。

回顾早年间日本的生活方式，我们可以发现屏风也显示出与箸、风吕敷同样克制的设计。这些大型漆画屏风，在需要时可打开作为室内的隔断，不用时就折叠起来储存。我相信还有许许多多类似的老式日常生活用品，值得在今天重焕生机。

思考设计，就是思考繁荣的意义。设计的定义是不断扩展的，它无处不在，不仅存在于产品等有形的物体中，也存在于肉眼不可见的体系和机制当中。如同一个国家的方针政策也属于统治管理方面的一种设计，它基于对国际地位的准确评估而制定。此外，设计还存在于政治、经济、医疗、社会福利和教育当中。所有人都认可字母是经过设计的，但从我的理解来看，由字母组成的单词也是人们设计出来的。顺着这个思路，文明也是人类历史设计的产物。今天，当我们面临全球变暖、能源和食物短缺以及传染病等一系列危机时，这恰好说明我们正处在一个关键的拐点上，必须重新思考文明的定义。从这个角度出发，我们应当提问：人类是否选择了正确的设计方向？而为了回答这个问题，我们需要重新思考繁荣的本质。

回顾 20 世纪下半叶的日本，人们似乎在那个时期力求将日常生活中使用的各种用具打磨成艺术品。我好奇的是，进入 21 世纪后，这是否还是一个值得继续追求的目标？只要对当代生活快速浏览一番，我们就会发现许多非凡且经久不衰的工具，类似于箸、风吕敷和屏风，它们都受到了日式风俗习惯的影响而沿用至今，我们能够在它们身上看到刚刚好、克制的设计理念。今天，日本进入了一个过度追求便捷性的误区，这个误区越来越多地压缩了人们身体甚至心灵方面的需要。所以，是时候重新审视一下到底什么是完美的刚刚好了。这种探究，与日本在资源、能源以及文化价值观等方面面临的危机之间，有着内在的联系。

PURE MALT
Black
PRODUCT OF NIKKA
ウイスキー特級 原材料 モルト
PURE MALT
PURE MALT
PURE MALT

Just Enough
Design

消费者体验设计

一甲纯麦威士忌项目（1984）

我作为自由平面设计师从事的第一个项目是一甲纯麦威士忌项目。一甲纯麦威士忌是当时由一甲威士忌公司推出的一款新酒，该公司成立于 1934 年，是日本主要的酒厂之一。我从一开始便参与了该项目，从产品命名、瓶容量选定、包装设计、定价到市场营销和宣传等方面给出了一整套提案。随后，我投身项目的执行中，直至 1984 年产品面世。随着大部分日本家庭规模的缩小，500 毫升瓶装成为绝大多数消费者理想的居家选择。这样的小瓶装也是为女性消费者量身定制的，能够让她们在采购时感到更加轻便。每瓶 2 500 日元的定价在1984年折算成人民币约为100元，在当时相当于一张黑胶唱片的价格。瓶体的设计可谓毫无个性，这一方面使它能够融入任何环境，另一方面也有助于消费者在喝完威士忌后重新利用它。瓶口处常见的螺纹设计被软木塞替代，并以水溶胶来黏合酒标，这样，酒标就能够被轻松去除。

由于无须过分强调瓶身设计，因此我们故意在包装上排除了容量这一信息。这一举动在潜移默化中激发了消费者的欲望，让他们将其视为一个物件儿来珍惜并重复使用，而不是在喝完威士忌后就直接丢弃。

广告宣传方面，我们更多地选择了在纸媒上进行有针对性的投放，而非选择昂贵的电视广告，这也使我们拥有更多预算投入产品本身，让精美的包装成为可能。当新品上市时，人们通常会受到视觉方面的吸引。也只有当他们动心时，他们才会愿意买单：带它回家，打开盒子，取下瓶塞，倒上一杯，一边听着音乐，一边品味加了冰块的威士忌，最后再把瓶塞盖上。当他们意识到，原来喝完威士忌后还可以接着使用这个瓶子时，他们就会把瓶子留下来。在重复模拟这样的消费场景时，我突然间意识到：原来我们正在设计的是消费者体验啊！无论购买的是威士忌还是其他饮品，消费者同时收获的还有与之共处的愉悦时光，这个项目教会我思考设计本身的意义。

设计无处不在

不知何故，人们开始习惯性地认为设计就是要与众不同，只有那些看起来特别酷或者特别时尚、具有明显设计感的东西才是真的设计，而其貌不扬的东西则谈不上设计。面对这种观点，我们不能简单地将其归咎于这就是某些人对设计特殊性的强调，从而否定了设计也是日常生活的一部分。

实际上，设计隐藏在日常生活的方方面面，可谓无处不在，只不过大多数人对它视而不见，只能通过一小部分经过精心设计的事物才能有所察觉。例如，你现在阅读的这篇文章，字体以及行间距是经过设计的；我们行走时很少注意的柏油路面、护栏和交通信号灯也都是经过设计的，甚至道路本身就是设计出来的。当人类开始在一片曾经只留下过动物足迹的旷野上行走时，道路便开始形成，并最终发展成为今天经过规划的道路。以此类推，我们便可以发现许许多多存在于视线之外的设计了。那些声称“我们不需要设计”或对设计持怀疑态度的人，其实都对设计存有误解。任何形式的技术或者信息，都必须经过某种设计后才能得到应用或传达，这是不可回避的事实，无关个人观点或喜好。

当然，也有一些需要经过特别设计的东西，例如，口红包装或儿童游乐场。但你会发现，绝大多数的设计还是融入了我们每天无意识接触的事物当中。换句话说，设计既可以被刻意模糊、不被发现，也能够揭示出难以理解的事物本质，令其变得显而易见。鉴于经济上的成功已成为当代社会衡量繁荣的唯一标准，人们也习惯了将设计视为一种促销工具，我想这也许就是很多人对设计持怀疑态度的原因吧。

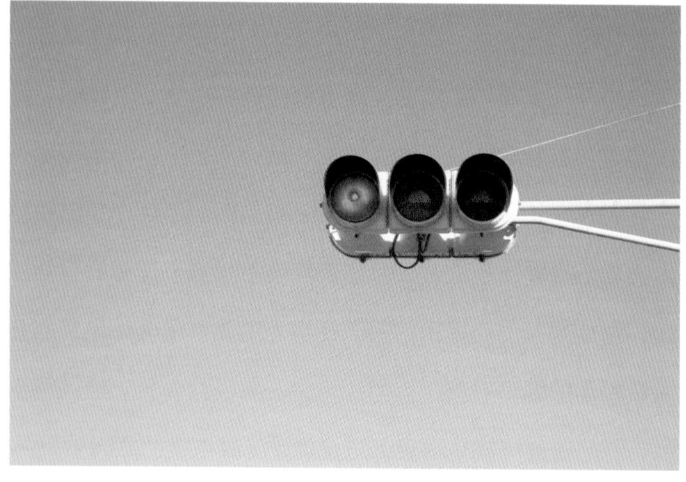

设计与拉面

最先对极简设计展开严肃探索的是魏玛包豪斯大学（Bauhaus-Universität Weimar），这所创办于第一次世界大战后，最终被强行关闭的德国艺术学院，是席卷全球的现代设计运动背后的推手。事实证明：当现代设计适时进入日本后，它在许多人的日常生活中已成为实用的存在；而由于成为日本经济高速发展时期的一种经济手段，它也因此引发了一种根本性误解。现代设计之所以简洁，是因为创作者们接受了由现代工业的效率和功能构成的理性美学，进而衍生出一系列对应极少的设计语汇。然而，大规模生产带来的是产品激增，以及由此产生的材料消耗。我们虽然已经确信，简单且精良的设计才是适用于未来的合理方式，却忽略了现代设计或此前所有设计的本质。此类乱象在今天的表现，就是诸如“设计师家用电器”这样的指称，它揭示了设计的概念是如何遭到人们误解的。这也是个错误的结论，它无视设计的本质，而仅仅将其作为一种促销工具。

让我们以日本人酷爱的拉面为例，回想一家美味的拉面馆是什么样子的吧。它会像美发沙龙一般一尘不染吗？还是你曾在一家由混凝土浇筑的新式咖啡厅中，坐在一把设计得极为现代的椅子上吃过拉面呢？我听说最近拉面馆在纽约和巴黎也很流行，但不知道在饮食文化截然不同的国家，拉面馆都长什么样。至少在日本，没人相信在一家漂亮且简洁得毫无装饰的拉面馆里，能端出一碗叫人垂涎欲滴的拉面来。那类让人垂涎欲滴的拉面馆，通常隐藏在一座经过时间风化的木式建筑中。一面题有书法字、并因反复清洗而褪色的白色门帘，破旧的桌椅上沾着难以去掉的顽固油渍，但这一切都增加了这家店的吸引力。没人知道那张墙上手写的发黄菜单是什么时候贴上去的，它似乎一直都在那里。如果交由一位喜欢将一切都剥离的设计师将拉面馆翻新成为“现代”的样子，那么所有这一切便不复存在了。作为一家拉面馆，它自身固有的标准，无关西方的时尚。食客光顾拉面馆，也不是为了寻求概念美，而是回应本能地吮吸面条的“嘶嘶”声。同理还有居酒屋，在日本各地，人们会在一天结束时走入居酒屋，享用价格合理的小菜和酒饮放松身心。

为应对西方现代设计的冲击，日本民艺理论家、美学家柳宗悦自 20 世纪 20 年代开始，发起了民艺运动，其中对于日本日常生活工具的强调是一项重大进展。我建议，今天我们遵从最开放的天性，更进一步去审视那些一直存在着的空间和事物，即便它们既不动人心弦，也非美丽异常，但会有助于我们认识真正的日本美学的价值。事实上，每当我陪同来自国外的游客前往一家老旧却美味的拉面馆或居酒屋时，他们都会开心地惊呼：“这就是我期待找到的地方！”无论是

創業六十七
中華
福壽
ふく
じゅ
電 (3377)

ば

銀座
八五
中華そば
銀座
八五

本地人还是国外客人，都本能地喜欢这些让人“嘶嘶作响”的空间。不会在这些地方看到明显设计的他们，误以为设计只存在于时尚的咖啡厅里。我想向世界展示一个真实的日本，而不是那些仅仅被过度夸大、肤浅、华丽的美。而对于这种真实性而言，设计一直都是至关重要的。

Toshiba
OFF

设计，或不设计

有些东西最好就是维持原样，根本不需要太多的设计。事实上，大多数事物都可以在没有引人瞩目的细节的情况下，被完美地加以设计。尽管如此，当你以客户或者设计师的身份走近设计，认为只有设计得更多才更好时，就不得不重新设计点什么了。很少有人在处理项目时能够意识到，有些东西现在就已经很好了，不需要更多的设计了。而这一情况引发的负面影响是：那些本应维持原貌的优秀设计，渐渐从我们的生活中消失了。

东芝集团在 1955 年推出了第一台自动电饭锅，采用简单实用的设计，精简到只剩最基本的要素。但在那之后，伴随日本经济发展提速，人们看到了带有花卉图案或形态过分圆润的电饭锅，在此之后又陆续出现了今天的多功能电饭锅，这些电饭锅除了有着完全不必要的笨重感外，还被打造成奢侈品一般的存在。当然，市面上也确实存在高性能的电饭锅，它们没什么形象可言，但这种电饭锅你又很难找到。简而言之，不做设计的设计真是少之又少。

我们也可以看一下极为普遍的冰箱设计。如果冰箱永远在宣告："我在这儿呢！看看我吧！"那么我们在厨房里的时光还会是愉快且轻松的吗？人们对冰箱的要求是融入生活并发挥它的功用，说白了，完全没必要将它设计得多么显眼。然而，人们却在冰箱门上发现奇怪的弧线，或是点缀了花里胡哨的色彩。很少有冰箱能做到不张扬，它们的装饰绝大多数都源于制造商自我满足的需要与提升品牌形象的期望。仍有数量惊人的制造商坚信，按照设计的定义，设计意味着对装饰进行补足。当有才华并意识到设计精髓的设计师在公司内部提交了几乎看不出设计、但却是出色的设计作品时，这些设计师反而会受到指责。

我们当然不希望冰箱在它应该具备的功用上有什么缺失，但也不希望它过于张扬，无论对于物品还是人来说，低调都同样重要。除了将食物放进或取出冰箱的那一刻，我们希望它在其他时刻能安安静静的。它可以根据厨房的条件，被直接安装在墙上。当然，冰箱是一部可能会出故障的机器，但只要做好更换方案，就不会是什么难题。这一思考过程才是冰箱设计的第一步。设计不仅是装饰外观，我们真正需要重视的是这样一个事实：冰箱的基本设计恰恰在于它的功能，即安静并持续地在一天 24 小时内冷藏食物。

对显而易见的质疑

蜜丝佛陀（1986）

在蜜丝佛陀这个彩妆系列中，我的设计概念是将温暖的椭圆形轮廓与冰冷的铝制材料相结合，同时向好莱坞明星化妆师马克斯·法克特（Max Factor）致敬。我将音乐领域流行的“采样”（sampling）手法引入该项目的设计过程：工业设计师雷蒙德·洛伊（Raymond Loewy）的流线型设计、20世纪50年代椭圆螺旋形汽车尾灯以及特里·吉列姆（Terry Gilliam）在电影《妙想天开》（*Brazil*）中对于过去与未来的混搭。

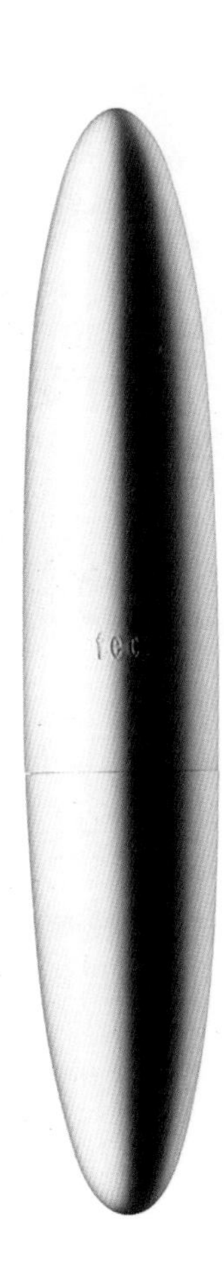

我从杂志以及其他资料中挑选了与以上内容相关的图像，然后将它们摆放在一张桌子上，再从中针对椭圆形这一元素进行采样，敷之以带有银色光泽的铝材。

当时，《妙想天开》构建的世界对我产生了非常深刻的影响，于是我想象着一支可能会在电影中出现的口红。通过这种方式，我重置了大脑，然后发现自己可以构想出完全不同的画面。彼时的我也开始关注原材料，原因是涂装技术的进步使越来越多的原材料退出了人们的视线，所以我试图通过设计激发原材料的潜力。正是出于这种对材料质感的反思，我也开始质疑口红的外管是否必须是直立的。我发觉只要利用铝材的柔软度和延展性，便可以设计出一种细长的、可旋转的椭圆体，如同悬浮在宇宙的太空舱一般，“为什么口红外管必须做成直立的呢？”通过质疑长期以来被公认为理所当然的想法，我推动了项目进程，就像一甲纯麦威士忌项目一样，我识别出无意义的概念背后的逻辑，然后淘汰了它们。

LOTTE
XYLITOL
〈SUGARLESS〉キシリトール・ガム〈ニューライムミント〉
LIME MINT

灵活思维

当我还在美术院校学习设计时，有人隐晦地向我灌输了这样的思想：我应当迅速找到自己的艺术风格，然后专注于发展它。这就是那些有着强烈自我意识并善于自我表达的学生，即便是在学习设计的阶段，也能获得高分的原因。这是设计教学的一种方法，它确实鼓励自我表达，但考虑到设计师要发挥的基础性作用，将设计看作在画布上自由创作，这真的合适吗？设计的实质难道不是要在自我表达之前，发现需要解决的社会问题吗？在你开始设计前，要先提问：它应该是二维的还是三维的？属于室内还是室外？是否还需要考虑其他的因素？也只有在你仔细研究过每一种选项并得出最优解就是在画布上去表现它时，你才能开始考虑具体应该如何描绘它。

在我开始工作之前，我还没有意识到学习设计不仅是开发创造力，还包括研究设计引发的社会效应。将艺术家的创作视为设计本身在社会中发挥作用的情况很少见，但绝大多数人对此习以为常。正如我在现实世界中发现的那样，这种误解揭露了问题的本质。作为设计教育的一部分，学生本应学会思考社会效应，但粗糙的设计课程却认为学生最终会通过触怒周围的人自己想明白这个问题，这对整个群体将产生负面影响。即使你因为喜欢绘画而把所有的时间都花在绘制插图上，你创作出的缺乏对现实世界意义审视的作品，也是没有任何用处的。

在这个领域工作了几十年之后，我确信设计是将人与事物连接起来的技能。换言之，好设计就是建立起更智能的联系。

21_21

这里以牛奶为例，作为一种液体，它不能只是以这种形态供应给大家。它的运销牵涉很多工作，包括命名、设计标识与包装、定价、宣传、运输、店内展示，甚至是对空盒的处理，每个环节都需要特定的人员负责。有人需要为包装选定合适的形状及颜色，以便让消费者放心，里面的牛奶是可以安全饮用的。在经历从农场到工厂灌装并在此后运输的过程里，牛奶必须保持新鲜。

前者对于消费者而言是可见的，后者则不然。如果美味的牛奶被包装在一种令人反感的容器中，那么这种设计建立起的联系就是脆弱的。同理，如果在运输过程中浪费了金钱和时间，那么流程的系统设计就是糟糕的。

再举一个例子，字母是让单词可辨识且具有释义的存在，也因此才会存在各种字体以便精确传达相关含义。字体是经过精心设计的字母，字体排版将作者和读者联系在一起。这个过程不仅需要创造字符的人，还需要有能力选出最合适字体的人，以上两种技能都可被视为设计。

让我们再细想下椅子，它们之所以存在，是为了适应“坐”这样一种人类行为。椅子是连接人和就座行为的物体，多样的形式成就了一系列舒适的坐姿，这其中的每一把椅子都是连接人和就座行为之间的桥梁。

正如你所看到的那样，设计将人和万事万物连接在一起。

将人和万事万物连接起来，意味着每一次都要使用一种独特的方法。为了能够运用全新的策略以应对每个项目，需要设计师保持一种弹性，而这又要求灵活的思考过程，而非单一的标志性风格。但这样一种灵活的思考过程并不能立即为第三方所识别，因为它往往是缺乏个性的。我想，拥有一种独特的风格就像具有归巢的本能一样，可以让人随时返回熟悉且安心的地方会特别令人欣慰，而如果没有可以返回之处，则势必会引发焦虑。这就是为何人们倾向于拥有一种特殊的标识性，因为这有助于名声的确立。

然而，重要的是，你得明白依赖一种标志性风格意味着你的选择范围在缩小。举个极端的例子，如果你声称自己是一名圆形风格设计师，那么你将只接到有关圆形的工作；如果你声称自己是一名红色风格设计师，相应地也只会接到与红色相关的工作。生活就像大自然一样瞬息万变，你确实有权坚定地拒绝改变，以圆形或红色的方式度过一生。但这种僵化毫无意义，设计是人类活动的一部分，也是万物的组成部分。我们真的应该教导那些有抱负的设计师，告诉他们唯一的出路就是创造并发展自己的标志性风格吗？

10
お寿司のいろいろ
The many faces of sushi

11
ちょうどいい
16

从人们开始探索现代设计至今，只有不到 100 年的时间。而在 20 世纪 80 年代，电脑还未普及，向他人展示设计理念的唯一方式就是把它画出来。设计师必须擅长绘画，如果你不能充分地描绘自己的想法，人们就会认为你是一名糟糕的设计师，这在今天仍然是成立的。当我还是学生的时候，我曾特别执着于素描学习，所以我并不轻视这项技能。

绘画意味着什么？长期以来，绘画作品一直是个性表达的一种载体。设计工作面向万物，影响着它们将如何在不确定的群体生活中发挥作用，这一方面需要客观视角，另一方面也必然涉及绘画这种自我表达的方式。这是一种无可厚非的工作进程。工作的结果呢？你最终将设计出取悦自己的东西。在画草图时，你画的内容会逐渐向你的个人品位靠拢，这个过程一定会是这样。简言之，你就是在主观地做设计，然后说服自己这就是你的风格。公众进而认可了你的品位，你可能还会因此收获名声，这对你而言是件好事。读者们可能也会好奇：这难道有什么问题吗？

这就是如今一些设计师的经历，他们完全不在意设计是不是主观与客观的结合。我并非想要谴责主观驱动下的设计，但我想说，我们应该在确定主、客观的区别后，仔细考虑每个项目的最优解到底是什么。我认为这种主、客观混淆的情况至今仍在持续，并引发了带有敌意的指摘，比如，“设计师们可以为所欲为，他们已经成功了”。但现在设计的本质已经明了，设计的本质永远不可能是表达个性。

我怀疑是否有人想成为一种密码，如同黏土似的能够一次又一次被捣鼓出新花样。鉴于我们都接受过要重视自己价值的教育，所以我不能妄下结论说这是个好主意。然而，如果你能放下必须拥有独特风格的执念，你很快便会发现，无论做什么，你都还是你自己，即便舍弃了个性，但你仍然在那里。在每个项目中，你都需要确定手头的任务并专注于此。只要你保持一个灵活的思考过程，那么即使暂时把自己的想法放在一边，吸收他人的想法，你也永远不会失去自己。

HIROSHIMA
APPEALS
2015
HIROSHIMA
70

灵活思考并不意味着向主流意识形态屈服、盲目跟风或迎合潮流。它意味着尽可能客观地看待自身的情况，对自己加以定位。用生命科学的语言来形容，就是要变得像干细胞一样，能分化成各种组织器官的细胞。干细胞不具有个体意志，它应身体所需而分化。采用灵活思考的方式就是不为潮流所动，通过理性判断成为你该成为的样子——不是做你想做的，而是做你应该做的。事实上，灵活思考会将你应该做的事转变为你想做的事。

拥有自己的标志性风格是获得认可的有效途径，但这种在自我意识下形成的风格会带来什么后果呢？你最终会受制于自己的圆形或者红色风格，还会被他人对它们的成见所裹挟，同时你还会因为维持圆形风格还是打破红色风格而苦恼。那么，这是真正的自由吗？如果你只做自己想做的事，最终会折断自己潜力的翅膀。事实上，你的信念越坚定，就越应该考虑避免固定的方式和标志性风格。

这些是我在职业生涯和生活经历中深思熟虑过的内容，当然，有些项目要求你坚持采用一种特定的方式来弄清楚一个问题。当我开始深挖项目时，我往往会沉迷其中：为什么要这么做？这是怎么回事？我试图通过深究自己想到的每一个问题来触达项目的本质。当痴迷于那些吸引我们的事物时，我们就会投入其中，把自己抛在身后。当然，如果不能回归到一种客观的方法上，即使你沉迷其中，也不可能完成那项工作。但我还是认为，对某事的痴迷可能有助于灵活思考，你怎么可能在对它不着迷的情况下，设计出任何可能的内容呢？哪怕是交通标志的设计，你也需要对它是什么、出现在哪里和为什么设计进行调研。我认为，基于痴迷进行了全面客观的调研的设计效果，要远胜于那些基于不充分调研结果的设计，尤其是在你去除了所有自己的痕迹之后。

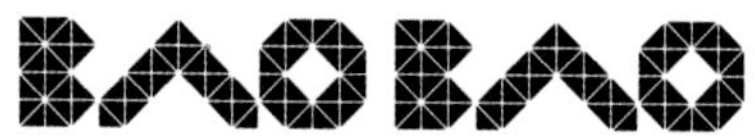

ISSEY MIYAKE

设计师需要品位吗

设计界的人喜欢说:“设计需要品位。”这话听起来，不仅像是指出了存在有品位和没品位的两类人，而且暗含只有特殊的人才会有品位。那就给我看一下有哪些作品是不涉及品位的吧，以及，难道这世上有谁是没品位的吗?我一直质疑这一论调，在每个人都有属于自己品位的情况下，设计师却以品位为名进行自我推销，这么做合适吗?

在半个世纪前的日本，设计这个职业几乎无人了解。我的父亲也从事过平面设计工作，当他向客户出示账单时，对方经常会指着设计费一项询问道:“这是用来干什么的?”

让我们重新定义设计师和品位之间的关系。最理想的情况是，设计师既有天赋也有后天技能，能够运用他们的品位，将他们的感知转化为对世界有用的东西。设计不需要特定的专业技能，但应该执着于对世界的日常感知，这也更加说明了为什么设计师有责任把他们的想法翻译成可被他人理解的语言。只是将一个想法形容为“有点酷”，或者假设存在那种你不需要将一切都跟他说明的客户，这些已经是不被接受的情况了。如果你仔细想一下，就会发现这是一种令人开心的进步。尽管现阶段的人们对于设计仍存有许多误解，但既然社会认为设计是必要的，那么设计师至少不会再成为不同寻常的存在。

顺应自然

木质石头（2010）

高山市是位于东京西北部岐阜县的山城，几个世纪以来一直以工匠手作实木家具闻名。高山市第一家家具工坊雉子舍曾让我设计过一款木凳，即发布于2009年，如今依旧可以定制的卡马奇凳（Kamachi Stool）。在参观他们的车间时，我看到一台可以根据扫描得到的3D数据，将木材雕刻成三维物体的机器，虽然当时的电脑已经开始进入家具制造领域，但在木材上雕刻出曲面的唯一方式仍是手工刨削。今天，借助电脑进行制作生产已是再自然不过的事情，但当年它还不常见，尤其当它出现在一家规模不大的家具工坊里时。

看到这台机器，我深受启发。当年，我感兴趣的就是将预先存在的形态，或是大自然的创造而非自己虚构的内容带入生活。无论我那不大够用的脑子还能变出什么花样来，设计出的形态一定已经存在于这世上的某处。当然，找寻一种因大自然的反复无常而生成的形态，并将其应用在人们的生活中是很有价值的。这一观点的应用，于 2013 年我为京都造形艺术大学（2020 年改称京都艺术大学）设计标识时达到了顶峰。通过将单滴墨水从一定高度滴落在纸上，任其自然地迸溅，我创作了这个符号。在数百滴自由落体的墨滴中，我选出了最佳轮廓。这个过程类似于书法。在书法中，墨滴和模糊的形状是不可或缺的组成部分，而文字最终的轮廓取决于渗入纸张的流动的墨汁。那时候令我感兴趣的就是在创作过程中顺应自然。

在这种设计方式中，出发点不是“我要对轮廓进行设计”，而是“我被赋予了轮廓”。它同时也体现了亚洲精神概念中的“自然”，这两个字在日语中意为“本身、应有的模样”。

就在我对这种方式越来越感兴趣的时候，我看到了木材雕刻机，于是突然想到，或许可以借助这台机器，用木材创作出自然的形状。沉重的石头与轻薄的木材，岩石的地质纹理和树木的年轮，这些图像在我脑海中融为一体。我询问工作人员是否可以根据岩石的3D数据对木材进行雕刻，他回答道："是的，这是有可能的。"在一瞬间的心跳加速之后，我立刻想象出孩子们堆放安全的木质石头时的场景，木质石头就是给孩子们的玩具。我和团队很快便投入制作，先是在

大自然中收集石头，然后选出最合适的那一块。当然，这些借助石头的 3D 数据制作而成、形如真实石头的木质石头表面还有些粗糙，需要经过手工打磨，最后使用儿童安全用油上色，这样既考虑到孩子们舔石头的可能性，同时也保持了石头表面的光滑。

我为孩子们制作的这些木质石头，让他们可以自己琢磨该怎么玩。它们不附带任何说明，可以被摆成面孔或者搭成建筑。它们很轻，并且安全，每块石头上的纹理都独一无二。今天，随着提供给孩子们玩儿的数码设备越来越多，人们对这种能够激发想象力的原始玩具的需求只会越来越大。

一切都是经过设计的

今天，大多数人会惊讶于按照日本的十进分类法（该分类法规定了图书馆和书店如何对图书进行分类），平面设计与绘画被归为一类。实际上，半个多世纪前，个人电脑才超乎想象地登场，在此之前的平面设计师们都是以手绘的方式创作海报的。在插画师成为一门职业前，也是艺术家们在从事着这项工作。19 世纪末，亨利 · 德 · 图卢兹 - 劳特累克（Henri de Toulouse-Lautrec）接受委托创作的石版画，就是为咖啡馆和歌舞厅印制的海报。与许多印象派画家一样，劳特累克深受日本江户时代（1603—1868 年）浮世绘版画的影响。如今，浮世绘版画成为艺术作品在博物馆中展出，但它们绝大多数是不同版本的木版版画，大体上都属于那个时代里的宣传单，而非原创的艺术作品。浮世绘版画基本是名人照片，描绘时尚的年轻女性、当红艺伎、职业艺人和歌舞伎舞台上的明星等。从发展进程的角度看，你可以在浮世绘版画和平面设计之间画一条直线。再往前追溯，在日本的平安时代（794—1192 年），书法和图像可以无缝融入同一视觉空间中，堪比当代杂志的版面设计。由此可见，历史上的绘画和平面设计之间，从未有过明确的区分。

日本在第二次世界大战中战败后，美国生产的大量商品、新文化和新思想涌入这个贫困的国家，许多日本人毫不犹豫地将此与诱人的生活方式联系在一起。通过这些包装盒上丰富多彩的画面，西方设计无可避免地渗透进日本人的日常生活中。日本人将目光从未经修饰的物品，转移至使用花卉及其他图案装饰的闪亮包装上，因为他们从中看到了一条通向光明未来的道路，这与残酷、黑暗、食物短缺的战争年代形成鲜明对比。毫无疑问，随着美国文化在日本国内的快速传播，日本人曾经一度将集体的目光完全投向设计的装饰性方面。美国进口商品包装上的鲜艳色彩对当年的日本人产生了震撼性影响，这个影响程度无论怎样高估都不为过。

由此，日本人在不知不觉中开始将设计等同于装饰。换言之，他们得出的结论是：花卉图案经过装饰，意味着经过设计；没有图案则未经装饰，相当于没经过设计。当然，还有一段历史是明确记录在书籍和展览手册中的，那就是在这种错误认知面前，那个时代的产品设计师、平面设计师以及建筑师都努力强调着设计的本质意义。事实上，20 世纪 50 年代初，日本设计界最初的目标便是提高人们对设计的认识。尽管如此，日本经济高速发展的优先级还是吞噬了具有献身精神的这样一小群人的最高目标。在一个飞速发展的兴盛时代，在技术革新的荣景之下，大量商品如潮水般涌入日本，任何对设计的严肃审视都被搁置。

日本到目前为止的设计理念

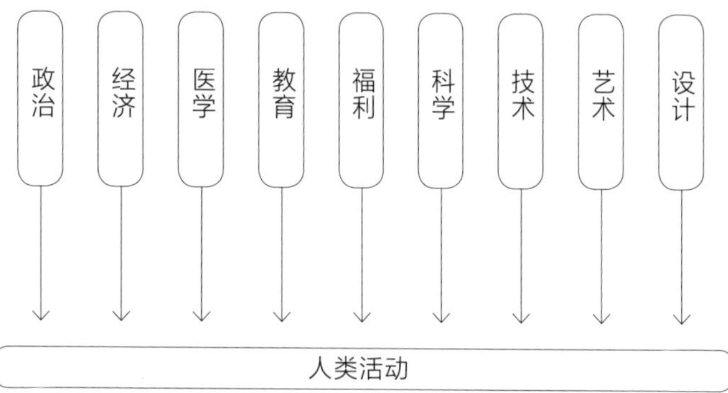

日本从现在开始的设计理念

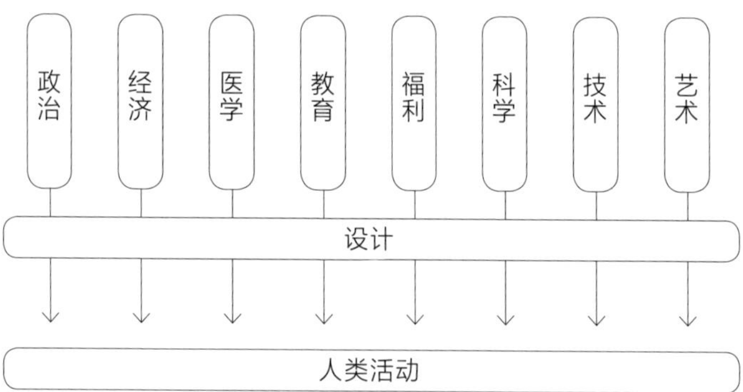

随着市场营销的风行，制造商们推出了完全根据消费者需求统计数据设计的产品，一窝蜂地投入毫无节制的抛售中。即使在这样的环境下，日本依旧出现了一些具有创新性的产品，只不过在数量上，它们淹没在那些毫无差异性、完全为了追求利润而量产的产品中。以醒目的花卉图案为代表的装饰手法得到巧妙运用，这些产品被运送到日本每一个偏远角落，当然，唯一的目的还是促销。

不存在某一个对象，或者某一个人的尝试是完全不涉及设计的。从组织信息到选举代表的机制，从人类赖以生存的医疗设备到计算机的界面，从灾区的城市规划到我们每天阅读的文字和数字，从交通信号灯到智能手机发出的声音和光线，所有一切都是经过设计的。从这个角度出发，我认为设计如同水。它像水一样，时而可见，时而不可见，但在我们的生活里，它是必不可少的。

当有人听到“设计”这个词时，他们会联想到一系列很酷、很时尚、很精致的东西，或是可爱、漂亮却不太实用的东西，但这只是设计的一小部分。尝试将设计想象成水吧，水在人类生活中必不可少，它以有形或无形的方式将我们与环境联系起来。它可能会引发海啸这样的灾难，就像设计可能在不被需要的情况下，或因试图增加不存在的价值而导致灾难。但它也可以折射出彩虹，在阳光下闪闪发亮。如同水使每一种现象成为可能一样，设计也是人类活动中每一项尝试的重要组成部分。

210th Anniversary
MATAZAEMON
醸造酢

让功能可见

味滋康公司 210 周年纪念（2013）

味滋康公司自两个多世纪前就开始生产米醋，如今他们的产品依旧深受欢迎。当味滋康公司委托我为他们成立 210 周年的纪念日设计一款礼盒时，我突然想到了一个底部为球形的醋瓶，放置在木质底座上。这款木质礼盒的封面刻有公司标识和创始人签名，使用木炭墨水再现，用以传达这是创始人的不朽遗产。当品尝完最后一滴醋时，瓶子还可以作为一个可爱的花瓶继续使用。

让功能可见

味滋康公司 210 周年纪念（2013）

瓶子的形状像一滴泪珠，而我最初的想法是一滴水。水是一种液体，它孕育了生命，醋也可以追溯至水。水滴形状的瓶子，不仅代表着味滋康公司的制作方式，也表达了他们对自然环境的感激之情。但一个球形底部的水滴瓶是无法直立的，若将底部削平，又会破坏原本具有感染力的轮廓。进退两难之下，我用木材制作了一个底座。由于这是一款周年纪念限量版礼盒，我特意设计了一种相对于他们的产品阵容而言比较奢侈的造型。日本有 70% 的国土面积是森林，因廉价进口木材的涌入，国内有大量闲置的木材。采用日本本国木材的想法是我在思考过程中产生的，与缺乏弹性的玻璃材质相比，木材柔软且温和，完美地起到了支撑作用。

最终，这款礼盒包含了一个非同寻常的球形水滴瓶，它被放置在一个木质底座上。我特意设计了一个没有螺纹的瓶口，并将木质底座设计成简单的正方体，这样在人们喝完醋之后，瓶子可以作为放置花草的花瓶而重获新生，我希望我的设计能在潜移默化中鼓励人们用它来养花养草而非直接丢弃。作为一个设计术语，“功能可见性”意指物体存在的一类属性，这一属性能够提示使用者物体可被如何使用，也会让使用者产生再利用的欲望。

深思熟虑

不言而喻，我们每个人承担的每项工作，都是为了未来的发展，无论是一时、一年，还是一百年。对于每一项事业，我们都必须思考现在需要做什么，并面向未来实践它。

当有人准备一顿美味的饭菜时，他们的设想是这些饭菜会给享用它的人带来愉悦；当医生提供医疗服务时，他们的工作是仔细考虑包括自然疗法在内的每一种治疗方案，并配合适当的护理，使病人能够尽可能健康地生活。换言之，无论你的专业知识如何，如果你不能预见未来，就无法有意义地完成工作，无法提前思考可能会发生的危险后果。大多数上了头条的灾难，都源于想象力缺乏。

设计也是如此，因为无论你设计出多少种美丽的形状，绘制出多么完美的线条，除非你已经充分掌握了自己的情况并对未来有所想象，进而理解了眼前的任务，否则你的专业知识将是无用的，对未来的错误解读会给许多人带来不幸。话虽如此，无论你多么仔细地思考未来，都不存在完美的实践。自然的存在并不是为了服务人类，所以总会出现无法预测的事态发展，例如自然灾害。但这并不构成不进行尝试的理由：我们需要不断质疑方法是否正确，正是因为方法永远不会完美。

例如，当你发现一块大石头掉落在人行道上时，考虑到无论男女老少，总会有体弱的行人可能经过，无须多说你就会把石头移到一边。如果你这么做了，虽然没人知道这里曾经有过一块石头，但每个路过的人都可以安全通行，这就是

一种经过思考后自发的行为。如果你只考虑自己的利益，而不是搬走石头，那么你自己也可能会被它绊倒。

时刻关注你所处的环境，这样的习惯非常重要。如果到了你不得不去考虑时，那就太晚了。对于任何没有养成这种习惯的人而言，这种深思熟虑无疑是一种消耗。但如果你将它变成一种习惯，那么你的身体就会迅速行动起来，不会感到疲惫不堪。我想起了一次搭乘拥挤列车时的经历。我注意到有人在车门打开之前，因为看到一位老人即将上车，为了避免给人留下故意让座的印象，便小心翼翼从座位上站起来，走到一旁抓住垂吊扶手。让我印象深刻的是他超常的谨慎。但有一位对周围环境视而不见的年轻人趁虚而入，先行一步抢到了座位，当老人站在他身旁时，他也没有让座。当我观察他的面部表情，读出他因行使权利而沾沾自喜时，我忍不住感到难过。我想知道这个年轻人打算继续用这种以自我为中心、不体谅他人的生活方式活多久，但不管怎样，我都不希望这种人成为设计师，他完全不适合从事这个职业。

事实上，他的生活方式不适合从事任何工作，更不用说设计了。正如我所指出的那样，所有的工作都是从对未来的设想开始的，每项需要设计的工作都是为未来设计的，因此，最重要的就是针对用户未来的愿望和需求深思熟虑，我们应当将这一点运用到日常生活以及设计中。

启蒙教育

电视节目设计（2003—）

2002 年夏天，日本广播协会邀请我加入创作团队，开发一档儿童教育电视节目。节目名称叫《用日语玩耍吧》，计划于第二年春天开始播出。在他们聘用我担任该节目的艺术总监时，已敲定的内容包括每天一集，时长为10分钟，主题为日语。知名的日语教育家斋藤孝也加入了这个团队，我们会经常与协会的工作人员开会，讨论现在应该为日本儿童的未来做些什么。我们的主要目标是，当观众还是可以尽情玩耍的小孩时，他们能够感受到日语的奇妙和乐趣，并将其深深地印在脑海中。我意识到，随着日本仅由一对夫妇及其未婚子女组成的核心家庭的数量激增，能够将语言的丰富性传递给孩子的长辈越来越少，因此电视节目扮演的角色也需要转变。

今天，《用日语玩耍吧》依旧在每个工作日的早晨播出，它自有一套探索日语的方式：言辞得体的日语口语化表达、

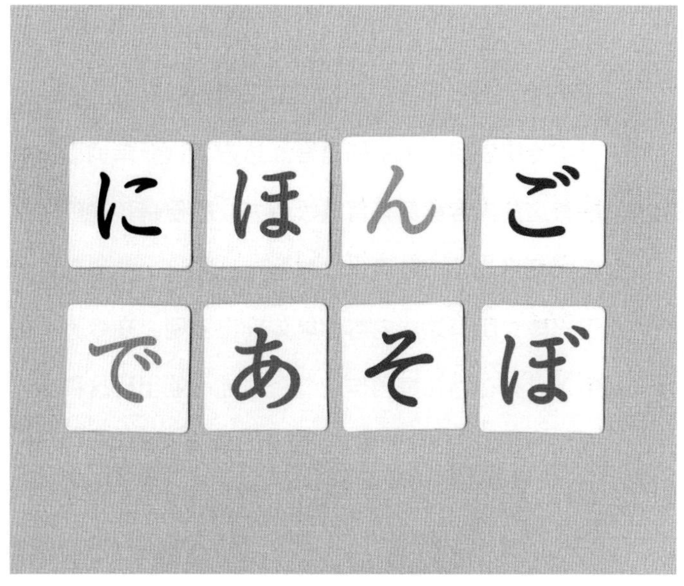

わ	ら	や	ま	は	な	た	さ	か	あ
を	り		み	ひ	に	ち	し	き	い
ん	る	ゆ	む	ふ	ぬ	つ	す	く	う
	れ		め	へ	ね	て	せ	け	え
	ろ	よ	も	ほ	の	と	そ	こ	お

可视化的语言结构、语言中的神奇韵律、书面用语的美妙与奥秘、日本传统表演艺术中的语言表达方式、新单词以及新短语，所有这些内容都具有普遍吸引力，即便是孩子们的父母也能感同身受。这档节目集文字游戏、民谣、能剧和歌舞伎片段于一体，所有这些内容都能体现出差别。在今天的电视节目中，只有在为儿童创作的节目中才可能出现这种实验性：为电视节目设计书籍、扑克牌和其他衍生品。就这样，我们通过电视画面和现实世界中真实存在的物品，构建了一个《用日语玩耍吧》的世界。

这档节目中出现的所有文本，都使用了我为节目专门创作的字体。通过不断设计并播放这些专用字体，我们也将日语书写的具体形象印刻在孩子们的记忆中。在日语中，口语和书面语存在细微但又至关重要的差异，这些差异植根于8世纪的文学传统中，即平假名、片假名和汉字这3种字符的复杂整合，以及大量的拟声表达。

在加入《用日语玩耍吧》制作团队时，我第一个念头就是不能因为这是一档面向儿童的节目，就营造一个幼稚的世界。孩子们是分不清幼稚与成熟的，即便对稍微大一些的孩子而言，生活中遇到的大多数事情也是第一次发生。我一直对第二次世界大战后，日本存在的一种倾向持怀疑态度，即在孩子们对事物形成自己的观点之前，向他们输出那些成年人自以为可爱的内容。你甚至可以认为，我非常鄙视这种做法。我始终认为，成年人的责任是向那些容易受到影响、心胸开阔的孩子们提供我们自己也真正欣赏的内容，这对于他们的教育至关重要。我在这档节目的第一次制作会议上就提出这个要求，大家也都认同，它明确了整个项目的方向。

基于这一共识，同时考虑到《用日语玩耍吧》是一个关于日语的节目，我决定为此开发一套原创字体。与其从现有字体中选择，不如创造出这档节目的特有字体，并将它们融入核心识别中。此前，包括儿童电视节目在内的大多数电视节目都只是使用了现有的、被称为 chyrons 的正文字体，但我不想在孩子们不懂区别的假设下“偷工减料”。

尽管这个节目是为孩子准备的，但也出现过高度风格化的传统戏剧舞蹈表演“歌舞伎”、穿插于能剧剧目之间的传统喜剧表演“狂言”，以及传统木偶戏“文乐”，参与其中的演员都是在世界各地巡演的一流明星，节目的服装和布景设计师、配音演员和插画师也都享誉全球。这一切之所以得以实现，是因为我们从一开始就一致希望，为年幼的观众提供一流的体验。节目开播至今已有 20 年，时至今日，我依旧是该节目制作团队中的一员。

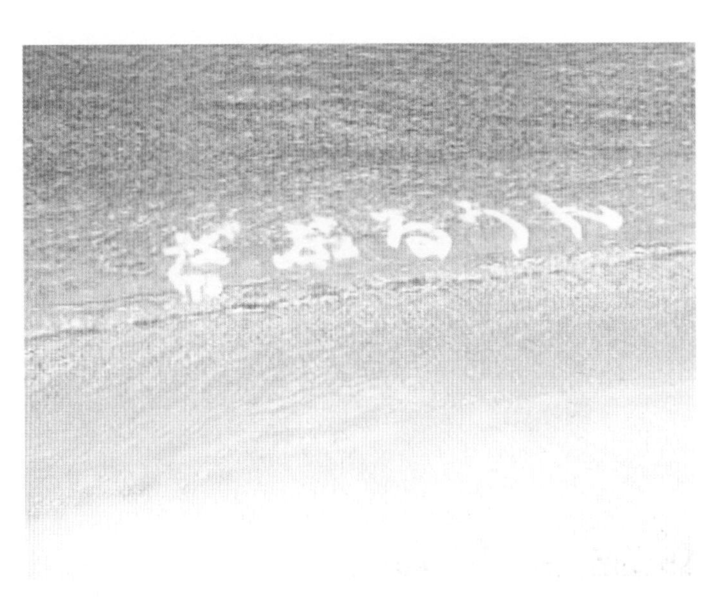

边玩边学

拟声词屋顶（2017）

富山县艺术与设计博物馆（Toyama Prefectural Museum of Art and Design）委托我设计一个屋顶游乐场，让家长和孩子们一起玩。他们提出的条件是，我必须将云朵状充气蹦床搬到屋顶上，因为它深受孩子们的喜爱，孩子们会在上面跳跃、嬉戏。蹦床名为ふわふわ（fuwafuwa），意为松软的，是日语 4 000 多个拟声词中的表意拟声词之一，它直观地表达了源于自然界或人类社会的各种感受，如降雨、阳光、动物的表情传达出来的感觉，兴奋的心跳，或一个磨蹭孩子的不情愿等，这些感受在日常交流中发挥着重要作用。

ぷりぷり

顺着 fuwafuwa 这个线索，我有了“拟声词屋顶”这个想法。我没有先从玩具和设施入手，进而为它们命名，而是先选择了一些滑稽可笑的拟声词，如ぐるぐる（guruguru，兜圈子）、ひそひそ（hisohiso，窃窃私语），以及ボコボコ（bokoboko，颠簸的），以此激发我和我的团队对游乐场设施的设计联想。在孩子们看来，玩耍、学习和艺术之间的边界是隐性的。我设计的这个游乐场，让孩子们在博物馆的屋顶上，既可以惊叹于远处的连绵山脉，也可以凝视眼前的白云朵朵，进而变幻出属于自己的拟声表达。

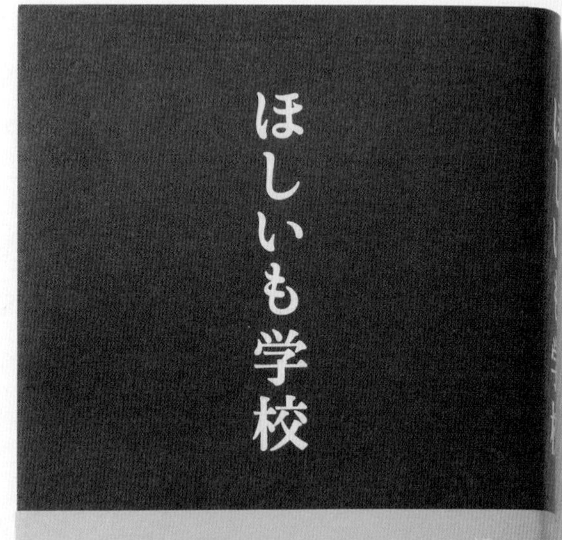
ほしいも学校

ほしいも学校 校歌
一、踏みしめる大地から
生まれる星がある
ほしいも ほしいも
それはキラキラ光る
希望の星

Just Enough Design

风土设计

红薯干学校（2007—）

红薯干是位于太平洋沿岸的茨城县当地的一种冬季特色食品。借助独特的气候条件和充足的阳光，沿用费时费力的传统手工制作过程，全日本有80%的红薯干都产自这里。当地商会委托我开发能够突显红薯干优势的产品，以此带动当地特产的发展。在听完他们的介绍后，我的思路转向我在2001年推出的设计解剖学系列展览。借助展品，我从设计角度剖析了那些人们习以为常的产品，如口香糖、傻瓜相机和牛奶。我掀开了这些人们自认为已经了解了的事物的面纱，揭示出实际上我们对它们还知之甚少的真实情况。

一想到要对红薯干的方方面面进行研究，我就有了建造一所学校的念头。这不是一所带有校舍的学校，而是一所被

称为学校的一般社团法人红薯干协会（一种非营利组织形式）。在学校里，我们可以探究这种手工美食，举办研讨会，当然也可以开发新产品。这所学校会成为任何与红薯干相关的活动的实践平台，此外，一所面向成人的学校也充满乐趣。我们会制作一本关于红薯干结构的“大部头”，这本厚厚的书将搭配红薯干一起出售。一想到把书和食物捆绑销售，我的脑海里就会跳出这样的画面：人们一边看着书，一边捏起一块红薯干吃，全方位增进着对食物的了解。这样的产品能够激活所有感官，你可以看着书，听见翻书的声音，闻到食物的香气，触摸食物的纹理，品尝食物的味道。

我们分析了可能对红薯干产生影响的所有因素：从天际中倾泻而下的阳光到光合作用，从冬季干燥的海风到当地的地层、土壤质量和水，从红薯的选择性育种、历史文化到人类肠道微生物的活动，甚至是由此产生的气体和排泄物。我们因此参观了许多实验室，已经不记得来来回回走访过多少地方了，通过红薯干开启一类前所未有的项目带来的满足感，就像打开了一扇通往宇宙的大门。

2010 年，我和我的团队完成了《红薯干学校》(*The Sundried Sweet Potato School*)，这是一本与红薯干包装在一起的厚厚的书。此后不久，在东日本大地震和福岛核事故之后，我们组织了一场有关核辐射和红薯干的研讨会，试图促进大众更深入地了解红薯的晒干过程。接下来，我提出举办庆典活动的想法，我们很快就发起了一年一度的红薯干节。鉴于技术的进步和产品的改进，日本各地的红薯干产量激增。于是我们举办了世界红薯干大会，向世界宣称，茨城县是日本主要的红薯干生产中心。

我做这个项目的出发点是增进当地居民的凝聚力，所以

并没有提供所有想法进而实现它们，而是邀请居民们参与进来，这样他们就能感知到这个项目是属于自己的，并尽可能自发地推动项目发展。现在，我相信我和我的团队已经做到了。这是一个我觉得很重要的项目，因为在这个项目中，我需要保持刚刚好的距离，而非过度参与。

PLEATS
PLEASE
ISSEY MIYAKE

开门见山

基本要素设计（2005）

设计的精髓在于对一个项目有透彻的理解，并尽可能直截了当地进行传达。如果项目的需求是漂亮，设计就得漂亮；如果它需要引人入胜，设计就要做得引人入胜；如果它是起辅助作用的，那么设计也只是辅助。倘若你能始终坚持这种不受影响的设计方式，设计也能够成为产品开发的试金石。换言之，如果一套完整的设计没有成就一款强有力的产品，那么你就应该重新审视它的需求了。

PLEATS
PLEASE
ISSEY MIYAKE

PLEATS
PLEASE
ISSEY MIYAKE

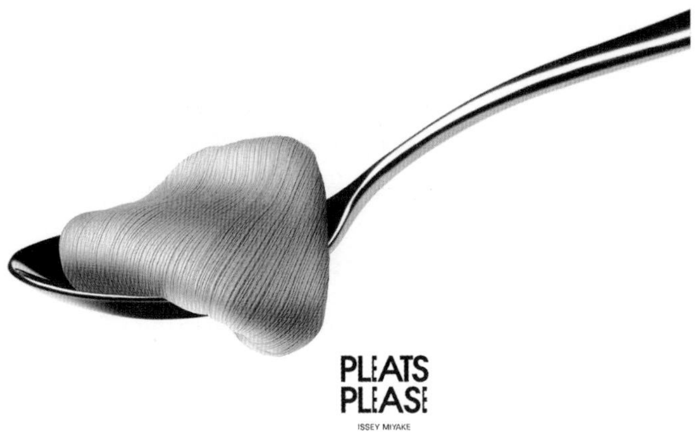
PLEATS
PLEASE
ISSEY MIYAKE

PLEATS
PLEASE
ISSEY MIYAKE

2005 年春天，我受邀为三宅一生的立体褶皱服装品牌 PLEATS PLEASE 设计系列创意海报，该系列创意海报将会刊登在全日空航空公司的机上杂志《翼之王国》(*Tsubasa Global Wings*) 上。在我和三宅一生第一次见面前，我已经每天都在思考这个项目的关键词了。PLEATS PLEASE 品牌的创立，源自三宅一生将时尚重新诠释为日常用品的想法。你可以认为三宅一生是为了突破自己的极限，毕竟他是已经参与过无数次巴黎时装周的经验之王，也是影响力非凡的时尚标杆。

我先是借了几件 PLEATS PLEASE 的衣服并触摸它们，发现折叠并不会使这些衣服起皱。它们很容易存放和清洗，也可以被卷成一小团，方便携带。在功能性之外，布料所具有的精致感和褶皱的处理，与人体轮廓相得益彰。另外，它们几乎没有重量。我马上意识到，它们包含了众多对于女性而言极具吸引力的先决条件：日常的、轻松的、灵活的、可以揉成一团的。这些关键词开始在我脑中盘旋，共同构成了便利的定义。

PLEATS
PLEASE
ISSEY MIYAKE

在我办公楼的一层就有一家便利店，我将它也输入大脑中。我要找些什么呢？在这种情况下，我不会直接走进便利店，只有那些能够留存于我脑海中的形象，才具备与他人互通的普遍性。我进而想到了便当盒，它符合上述 4 个关键词。通过透明的盒盖，你可以看到内部，还可以看到盒子里面展示出的美丽颜色，如同一盒美味的意大利面一样。我也提交了其他方案，但最终还是这个方案胜出了。当我和我的团队真正开始寻找完美的便当盒时，才发现这是非常困难的，所以这些画面都是用特写镜头合成的。

Just Enough Design

为艺术家做的设计

当我为艺术家设计一本书时，我会让自己先沉浸在他们的艺术作品中，艺术家的书中最好没有我本人的痕迹。那么我可以将自己清除得多彻底呢？我又能领会多少艺术家的意图呢？当我接到委托，设计一本介绍艺术家作品的书时，这些都是我关心的问题。当然，如果我是受邀与艺术家合作设计他们的书，情况就不一样了，理解这一关键区别还是很重要的。我是作为设计师还是艺术家参与其中？也许这种区别对于一些设计师来说不重要，但对我来说却非常重要。在艺术家看来，书是他们艺术构成的一部分，这也是为什么在理

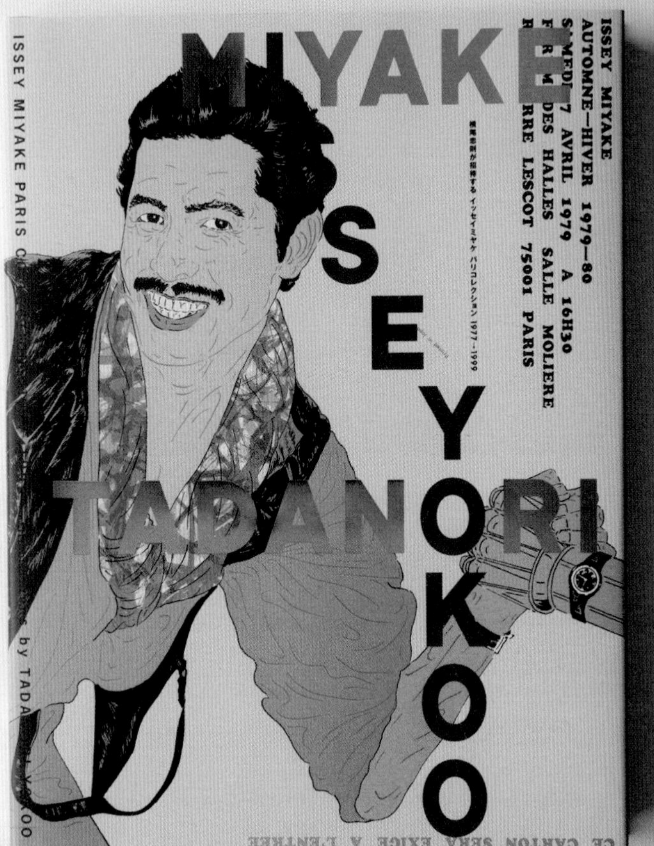
MIYAKE
ISSEY
TADANORI
YOKOO
ISSEY MIYAKE
AUTOMNE—HIVER 1979—80
SAMEDI 7 AVRIL 1979 A 16H30
FORUM DES HALLES SALLE MOLIERE
RUE PIERRE LESCOT 75001 PARIS
CE CARTON SERA EXIGE A L'ENTREE

想的情况下，艺术家在制作一本有关自己艺术作品的书时，应该客观地看待自己的作品。

艺术家求助于设计师，正是因为他们做不到，换言之，设计师应该坚持充当一名翻译。更重要的是，设计师要理解艺术家的意图，理解艺术家想要以书为媒介表达些什么，以及从他们的作品中引出可能艺术家自己都没能意识到的方方面面。如同一位译者可以有许多种方式来诠释一个词那样，每位设计师都应该用自己的方式来解读艺术家。这就是设计师的个性表达——个性应当存在于设计师的方法中，而非设计作品本身。优秀的艺术家书籍可以揭示设计师从艺术家那里都收获了些什么，并且点到即止。

会津
清川
有機農法

便利让我们失去了什么

（1989）

1897 年，日本的酿酒厂开始使用手工吹制的 1.8 升的可回收玻璃瓶销售清酒，这种瓶子被称为“一升瓶”，它比容量 1.5 升的大个儿葡萄酒瓶稍大一些。从那时起，清酒便与一升瓶捆绑在一起。这种一升瓶特别沉，但相应地，用一只手握住瓶颈，再用另一只手托起瓶底倒酒的仪规成为日本清酒文化的一部分，这也成为一项乐事。类似的情况还有从被称为“德利”的清酒壶向小酒杯中倒酒的古老习俗，虽然不够方便，但依旧不失为一种表达尊重的待客之道。这样一种重要的沟通方式，成为日本的传统代代相传。

随着生活变得越发便利，许多东西在不知不觉中消失不见了。以一升瓶为例，消失的不只是当人们用手握住它时身体的感受。为了便于倾倒，清酒开始装在更小、也更轻盈的瓶中出售，人们不再重复互相倒酒的仪式。清酒瓶变得更容易携带且使用了可回收材料，但它们不再被回收。相应地，清洗酒瓶的工作也消失了，同样消失的还有经销商回收酒瓶的工作，以及在一升瓶上手工粘贴标签的工作。伴随工种的消失，由专业化分工协作建立起的内部固有的平衡也不复存在。几个世纪以来，日本的清酒文化都是与人们的生活交织在一起的，但它在我们毫无察觉的情况下衰退了，便利正在破坏整个社会。品尝清酒意味着什么？除了它的味道，它的意义不也存在于容器、陶艺、几案和空间中吗？当我接到委托，为一家清酒厂设计一款容器时，我开始为存在于朴素的一升瓶上的深层含义所吸引。

Just Enough Design

便利是病毒

当代日本人的生活充满了便利。在 1954—1973 年日本经济高速发展的时期，家用电器在整个国家泛滥成灾，日本人的生活变得越来越便利。但也是从那时开始，一系列全新的产品和服务不断迭代，只为获取更多便利。某些类型的设计对于让便利触达百姓这一层面是不可或缺的，因此，研究这些常见的产品是如何被设计出来的，可以揭示当今日本人的心态和生活方式。

尽管经历过 20 世纪 70 年代中期的石油危机、20 世纪

90 年代初日本泡沫经济的崩溃、2008 年的金融危机，甚至 2011 年的日本大地震，但对金钱和便利的不懈追求仍然像致命的病毒一样盘踞在日本人心中。毫无疑问，这一趋势不止局限于日本，也存在于全球的城市社会中。我想故意挑战这种对于便利根深蒂固的渴望，因为很多人对此都未曾有过质疑，但只有合理地质疑，我们才能思考当代生活的未来。

毫无疑问，维持人们日常生活正常运转的不同能源供给与便利之间有着密切的关联。在日本，能源问题与资源、技术相挂钩的情况往往更为凸显，但如果研究能源消费者的意图和理由，就会不可避免地陷入令人烦恼的便利观中。

便利是在何处以及如何出现的呢？实际上，在让人类文明发生巨大改变的农业革命之前，石器时代的人类就已经开始设计更加便利的工具了。以追求便利为动机的行为一直是人类历史文化中不可分割的组成部分，伴随人类大脑的进化，它深深植根于人类文明中。考虑到工业革命和信息革命带来的大量便利，我当然理解为什么人类的大脑会在这个现代化世界里受到驱动，进而创造更多便利。

然而，问题是，现代人设想出来的几乎所有便利都与经济活动有着千丝万缕的联系，它们还会被用于谋取私利。甚至可以说，在我们的周围充满了由商业活动提供的便利。便利的支持者们可能会争辩：提供便利是一种借助万物提供服务、具有善意的人类实践活动。但他们的根本目的仍在于促进同比销售数字的增长，这种逻辑基本上可以认为只是赚钱的一块遮羞布罢了。日本社会似乎正受到人类追求便利的本能的驱动，这种本能与衡量繁荣的标准相结合，侧重于经济上的有利可图而非文化艺术方面的丰富性。大部分日本人在意识到有些不对劲时，宁愿选择不去深究，因为他们担心这是故意质疑广泛存在的便利观。在我们身边，随处可见刻意放置或安装的便利事物或设施，它们影响着我们的身体和精神，而对这些事物或设施的质疑可能会被误解为是对文明、经济甚至人类活动本身的谴责。因此，停下脚步，重新审视便利的全部意义，并不是一件容易的事。

但有个不错的办法，那就是将身体作为指标。试想一下，倘若我们为了避免动用身体而沉溺于使用便利设施，会有什么情况发生呢？道理其实很简单，答案也足够明显。身体机能开始衰退，就意味着身体正在走向死亡。为了生存，身体必须保持灵活才能应对环境的变化。以将我们塑造成具有灵活性的人类身体为标杆，重新对便利加以审视，这会让我们从正确的视角出发展望未来。

环顾四周，我们可以看到，为了避免动用身体，我们设计了最现代化的便利设施。我们身边环绕着各种各样的便利设施，基本上只要拨动一个开关就能让希望发生的一切成为现实。去一趟便利店，可以一站式买到几乎所有基本生活所需；乘坐电梯或自动扶梯要比爬楼梯省力得多；使用机器就可以打扫我们的房子、清洗衣物，甚至洗刷脏盘子。当人类开始使用两条腿走路时，我们的大脑就开始进化并具备了批

判性思维，我们也就懂得如何能够让事情变得更简单。作为有思想的人类，我们注定要让思想为日常生活服务——要更快、更容易进食、更简单，或者更温暖。我们拥有非凡的才智，能够改善生活，但具有讽刺意味的是，现代社会却利用这一天赋追求便利，这给我们的身体带来严重伤害。

现代人的身体状态怎么样呢？在现代疾病的排名列表中，肥胖、糖尿病和高血压的排名居高不下，人们患病数量

的激增与身体活动的减少密切相关。如果人们继续拒绝身体活动，那么身体的进化将不可能跟得上令人目眩的便利发展速度。但如果社会发展是建立在低速的、深思熟虑的长期变革之上，那就是另外一种局面了。只不过，现如今便利的迅猛发展速度并不是以人类进化的自然速度作为前提的，所以我们别无选择，只能根据身体活动的重要程度，重新思考便利观本身。

除了对身体状态有影响，像病毒一样无处不在的便利也导致了日本文化遗产数量和质量的双双降低。对日本传统文化的审视，揭示了便利是如何破坏曾经与日常生活融为一体，但现今已然奄奄一息的手工技艺的。就在我写下这些文字时，漆器、染色织物、手工造纸、陶瓷用品，以及不计其数的日常工具，尽管几个世纪以来一直为人们精心制作，现在也纷纷从日本人的生活中消失了。

如果存在一种对抗“便利病毒”的疫苗，那么它只能是质疑便利观本身的习惯。一个自然而然鼓励身体参与的发明案例是助力自行车（一种人力骑行和电机助动一体化的交通工具）。它不像电动滑板车那样，只要转动把手就能移动，而是鼓励骑行者通过蹬踏来移动身体。

另一个近在咫尺的案例，是我在做设计时总会用到的自动铅笔。相比需要花时间和精力削尖木质铅笔，只要按一下自动铅笔，它就会露出粗细均匀的笔芯。与其为了追求便利而在电脑上勾画线条，还不如用手绘制，这样还能够体验到铅笔与纸张在摩擦之间令人产生的愉悦感。还有区别于电脑制图的一点是，这样不耗电。

加一点精神

一甲原桶原酒威士忌项目（1985）

在一甲纯麦威士忌项目取得成功的一年后，一甲威士忌公司又推出了一甲原桶原酒威士忌 From the Barrel，这是一款酒精度数为 51.4 度、口感强劲的威士忌。那么，什么样的瓶子与这种口感强劲又浓烈的威士忌最搭呢？我希望它拥有“一点精神”。小分量往往会令烈性食材更具吸引力，例如，以海鲜腌渍发酵而成的塩辛味道浓郁，与清酒可谓绝配，因为盛放在小碗里，所以显得尤为可口。将味道浓郁的食物装在小碟子里，可能是因为大量食用这些食物将会难以消化，但也存在另一种可能，就是每当看到小型容器中盛放着丰富的食物时，人们对于小份食物的记忆便会刺激大脑，令人垂涎。特定地区的自然气候和习俗造就了人们特别的饮食文化。

以小分量对应浓郁的味道，这种微妙的感觉非常日式。秉承着“一点精神”的隐喻，我设计了一款方形短颈瓶。从正面看，方形的瓶子似乎比同等体积的圆形瓶子要小一些。此外，我将瓶盖做得非常短，与当时药瓶的瓶盖高度一致，而这种瓶盖在当年还未用于酒瓶或香水瓶的设计中。瓶盖表面不做印刷，只为保留原本的铝材质地。过短的瓶颈使倒酒变得富有挑战性，因此之前不曾大规模量产过。为了打动客户，围绕着将清酒从长颈陶瓷酒器倒入酒盅这个过程是如何增进人际关系的，我展开了一番阐述。在这款威士忌首次面世时，我们还附上了一本与包装盒尺寸相同的小册子，它详细介绍了威士忌的悠久历史，而这样的设计，让味蕾和大脑能够同时享受其中。

NIKKA WHISKY
FROM
THE BARREL
alc.51.4°
04I28D
ウイスキー特級
原材料 モルト・グレーン
製造者 ニッカウヰスキー株式会社
東京都港区南青山5-4-31
従価
NIKKA WHISKY
FROM
THE BARREL
alc.51.4°
ウイスキー特級
原材料 モルト・グレーン
製造者 ニッカウヰスキー株式会社
東京都港区南青山5-4-31
従価

附加值

每当我听到有人宣称附加值很重要时，我就会仔细打量说话者的脸，因为这类观点通常意味着要给某些事物增加外部价值。但事实上，我相信当某样事物可以增值的想法占据上风时，日本的手工技艺就开始衰退了。价值当真是一种可以像标签一样随意粘贴的存在吗？

倘若你在路上捡起一块石头，将它放在桌上作为镇纸（写字作画时用以压纸的中国古代传统工艺品），那这块石头对你而言就有价值了，但你真的增加了石头的价值吗？

这就是文字的神奇魔力。即使放在了你的桌上，这块石头仍然只是一块石头而已，它只是碰巧大小合适，被你从路上捡起，当作了防止纸张随风飘落的镇纸。你并没有给石头增值，相反，是你在与这块石头的关系中发现了一种价值，而这种价值是石头所固有的。显而易见，添加点什么与发现些什么是截然不同的：你是否只是简单地将你认可的便利投射到某样物品上？或是通过思考它的本质，发现了一种新的用途？

当一个人有能力挖掘事物的内在潜力时，我们会称其是有天赋的，当然也包括那些能够激发自己潜力的人。但如果你只是简单地提高了事物的附加值，而没有看清它的本质，就不可能准确评估它的价值，我们也不会认可那些不假思索给事物增值的人是有天赋的。

P.G.C.D.

唤醒记忆

P.G.C.D. 包装设计（2000）

P.G.C.D. 是一个推崇简化保养步骤的高品质皮肤护理品牌，侧重包括面部清洁和保湿在内的基础护肤，三款核心产品分别是日用香皂、夜用香皂和乳液。在项目开发阶段，我便作为设计师加入其中。该公司决定完全采用邮购的方式进行产品销售，这创造了在商店内销售的产品所不具备的可能性。如果产品进入商店销售，则必须在产品价格基础上增加分销成本、零售利润、劳动力成本、零售宣传，以及巨额的广告投放费用等。采用邮购的销售方式则不存在这些成本，也因此得以在产品本身选用大量高级原料，并将更多的关注和努力付诸包装，这些都是用户能够直接触及的介质。

P.G.C.D. 的目标用户是对各种护肤品牌如数家珍的消费者，产品因此被定位为消费者在体验过其他产品后的最终选择。在男性意识层面，化妆被误以为就是将化妆品尽可能多且厚地覆盖在女性面部而使其变美，而 P.G.C.D. 这一概念的提出则是对此观念的反思，它主张女性只要保持皮肤健康，在自然状态下就是最美的。

我为全新面世的 P.G.C.D. 设计了标识、香皂的样式、瓶身、外包装、用户手册、名片、信笺和杂志广告。虽然这是一个极简的皮肤护理系列，但每款产品的品质都必须满足那些已经习惯使用一系列高端产品的用户的期待。我特别留意了每件产品的手感，因为这是对用户触觉的最直接吸引——包装能够通过视觉和触觉唤起人们的记忆。

我们都从婴儿时期开始触碰东西，会不自觉地记住这些

感受，当之后触碰某些事物时，就会回忆起相似的感受，好比我们使用英文单词 silky 指代如同丝绸般的触感，而非丝绸本身。那些有天赋的品酒师，能够使用迷人的比喻描述味道和香气。当我为触感做设计时，我不能像一位品酒师那样使用诱人的词语，但我希望能让人们回忆起曾经愉悦的感受，并品味产品的独一无二。P.G.C.D. 推出的 Coffret 盒式套装，便综合了精美纸张的品质、柔软布料的手感和玻璃清冷的触感，它重新唤起了用户脑海里的一系列记忆。

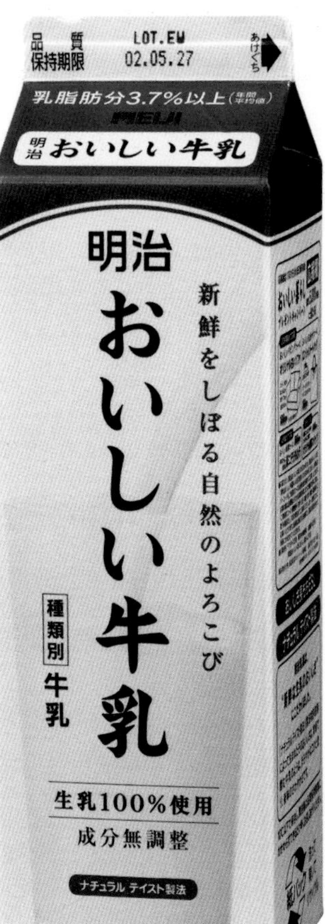
品質保持期限
LOT.EW
02.05.27
あけくち
乳脂肪分3.7%以上（年間平均値）
MEIJI
明治おいしい牛乳
明治
おいしい牛乳
新鮮をしぼる自然のよろこび
種類別 牛乳
生乳100%使用
成分無調整
ナチュラル テイスト製法

结构和外观

结构和外观是建筑领域的术语，但它们都涉及设计，你也可以认为它们一个是结构设计，一个是外观设计。结构设计包括设计支柱、平面结构以及建造一栋建筑所需的其他功能机制；外观设计则涉及建筑外部的纹理、颜色，以及门窗、墙壁和建筑结构围合起来后所需的全部元素。

平面设计一般不涉及结构和外观。与必须在物理上经受住时间考验的三维建筑结构相比，二维的平面设计不太有磨损方面的担心。即便印刷在纸张上的设计有可能会被风干、破损或褪色，也不会危及人类生命。话虽如此，我仍然相信平面设计的许多方面都需要对结构和外观有一定的认识，这就如同建筑必须考虑到时间流逝对自然元素的影响一样，平面设计也应顾及人类记忆中的时间流逝。

人们是如何记住标识以及产品设计的？他们的记忆又是如何随着时间的推移发生演变的？当你有一段时间没有看到某样东西时，相关记忆储存在大脑中，似乎是被遗忘了。但如果你再次看到它时还能够回忆起来，那就意味着关于它的记忆留存下来了。然而，如果你尝试对某样甚至称得上熟悉的东西进行描绘，就不是那么轻松了。虽然每个人的绘画技巧各不相同，但这也足以反映出记忆并不是那么可靠。因此，无论消费者接触标识和包装的频率有多高，它们都必须易于记忆，并且还要通过设计，做到能够弥补人类记忆的脆弱性。

在设计标识或者产品时，目标不应是增加或者减少一些漂亮的设计，而是完成一个完全由原始结构触发的设计，以此增加这一设计在人类记忆中留存的机会，这就要求简洁。人类的大脑当然有能力记忆复杂的事物，但在商场这样的环境里，当消费者面临信息轰炸时，复杂事物留存在大脑中的概率就大大降低了。

明治乳业推出的美味鲜奶 Oishii Gyunyu 以白色作为纸盒的主体颜色，采用蓝色瓶盖，产品名称以传统日式风格的粗体字竖直对齐排列。在乐天集团的木糖醇口香糖包装中，白色的标识和产品名称则置于亮绿色的背景中。这些结构都是极其简洁的，尽管较小的字体提供的信息会随着时间的推移而变化，但基本的版式几十年来都不曾改变。这就是为什么这些设计的组成部分会以独特的形式，在人们的记忆中留存下来。

从结构和外观这两个不同的层面来处理平面设计，在品牌的塑造中也是有效的，这种方式在日本文化走向世界的过程中肯定能够发挥积极作用。在一个清晰的概念上构建的结构可以支持一系列设计，换言之，只是凭借一系列引人入胜的内容还不足以展现一个植根于历史的真实日本。我们必须从创建一个强大的概念开始，并在此基础上展示丰富、有趣的视觉效果，以此传达日本文化的深度和独特性。

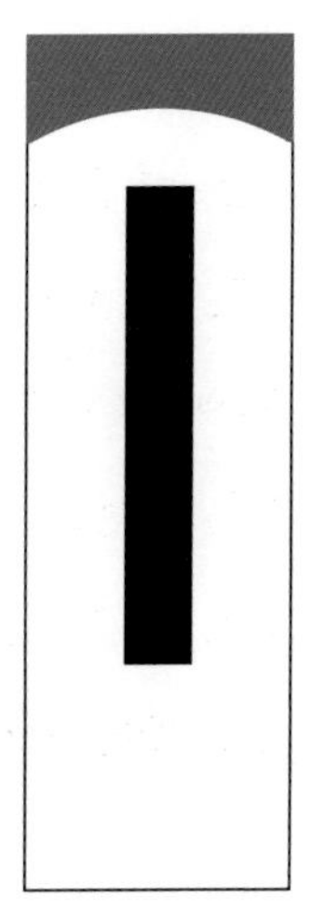

Just Enough
Design

日式设计

北海道大米（2005）

2005 年，我接到为种植于日本最北部的大岛北海道的大米做包装设计的委托，同时为其命名。在日本，北海道大米一度给人留下便宜又难吃的负面印象。但在得知选择性育种的最新进展使现在的北海道大米足以媲美日本其他地区种植的最好大米后，我品尝了一下，发现它确实相当可口。

我和我的团队探究着到底能在多大程度上提升北海道大米的形象。这个过程中我一直在思考，大米的包装设计对日常生活以及日本的自然环境如此重要，但为什么又如此“不日本”，为什么会采用幼稚的漫画式人物或者索然无味的插图呢？所以，我和我的团队决定采取一种全新的设计形式，也针对不同方案给出一系列相应的名字，客户最终选择的是下页图片这个方案。我们一开始的想法是将大米命名为“八十八”，但作为商标它已经被注册了，所以将其改为“八十九”。大米的汉字“米”由“八十八”组成，它与种植大米需要八十八个步骤的传说有关。我认为“八十九”这个名字意味着多了一个步骤，比“八十八”更具故事性，所以我认为这确实不失为一个更好的名字。最终的方案，除了选择一款让人一眼就能识别的独特字体，并将其放大，就没有其他设计了。在众多五光十色的华丽设计中，我认为这种采用柔和的颜色和去装饰的包装设计，不仅具有典型的日式风格，更是有着一种鲜明对比的存在。

◎開封後はチャックをして保存してください。
ホクレン
八十九
はちじゅうく
北海道の幻のお米
八十九
精米

冲浪

我从 27 岁开始玩冲浪。有时候是我自己受伤，有时候我会因为不够灵敏而伤到其他人，也有时我的冲浪板被巨浪卷起，撞到我头上，差点儿把我打晕。但即便如此，每到周六，我还是会动身去海滩。在台风来临时，巨浪常将我困于水中，即便我挣扎也无法浮出水面。在上气不接下气时，我的脸刚离开水面，就会被下一个浪头吞没，每每遇到这种情况，我就会眼冒金星，担心自己可能挺不过来了。大概也只有冲浪的人才能理解这种经历了死里逃生之后还会想要继续冲浪的冲动，我对冲浪的热爱已经到了不可思议的程度。

最终，我学会了直立着稳定地驾驭一块冲浪板，在那些无风的日子里，当水面平静下来，一个与我等高的浪头接近我时，那种充满期待的快感也将我包围：你看，我可以凭借直觉判断哪个浪头更适合我了！在海浪条件好的时候，会有较大的浪群出现。我会集中精力于其中一个富有节奏感的浪头上，做好驾驭它的准备。在起跳阶段，我开始划水，当海水掀起冲浪板的尾部，我马上要滑到浪底时，我的身体立马做出反应，几乎没有时间考虑是右脚在前还是左脚在前，我就在冲浪板上站了起来，乘风破浪。当我滑到海浪边缘时，我能体验到一种无与伦比的“無”，它是一种虚无的感受。除非我将思绪完全清空，纯粹专注于那一刻，否则我将会跌落至空心浪的最底部，像楼宇一样高耸的海浪冲击，会将我和我的冲浪板一起毁灭。然而，每当我成功驾驭海浪，那种与自然力量触碰时迸发的身体控制力，还是会让我整个人都兴奋不已。

随着年龄增长以及经验积累，人们往往会变得自大，总是觉得头脑中所想的问题都能得到解决。但当你与大自然面对面时，你就会发现这是不可能的，因为面对它无穷的力量，你根本没有时间进行逻辑思考。冲浪让我清楚地意识到，在面对自然时，上述那种自大的情况多么荒唐可笑，以及我有多么的无能为力。弱者将巨浪让给强者。倘若年龄只有我一半的冲浪者们更擅长与大自然交锋，那么海浪自然是属于他们的，这种无懈可击的逻辑带给我莫大的快乐与满足。任何人都无法击退巨浪，而当好浪稀少时，你也别无选择，只有等待。享受向大自然的韵律臣服，与其将自己放在第一位，不如审视你所处的环境，训练你的身体能够对任何情况做出反应，这也正是我对待设计工作的方式。

MESSAGE FOR THE TWENTY-FIRST CENTURY / SURFER & DESIGNER : TAKU SATOH

始终是一名平面设计师

当有人询问我的头衔时，我会告诉他们我是一名平面设计师。我真的不在乎头衔，只是社会坚持要对人进行分类。在日语中，“解る”（wakaru）一词经意为“区分”的“分ける”（wakeru）演变而来，意为“理解”，因为区分就是为了让自己的理解得以确认。这同样是日本十进制分类法存在的原因：当国家和政府将事物划分为不同类别时，他们会觉得潜在的威胁少了一些。但实际上，将事物区分开来并不能帮助你更好地理解它们，尽管如此，人们还是选择了这么做。话虽如此，一直与这种区分的冲动争辩会相当疲惫，所以当有人问我的头衔时，我会毫不犹豫地回应道："平面设计师。"有些人在从事不同类型的工作时还会变换头衔，也有人声称自己有两个甚至三个头衔，但这对我来说没什么吸引力，我也不相信这种事。

经过深思熟虑，我可以接受使用头衔是向别人传达自己技能的一种方式。也就是说，我使用"平面设计师"作为我的头衔，是出于我掌握了与平面设计相关的技能。当然，并没有规定说平面设计的专业知识只能应用于平面设计，你也可以将这些相关技能应用于其他任何领域。我之所以受到多样化的项目吸引，是因为我的兴趣远远超出二维平面媒介，涵盖了三维媒介、空间、声音和鉴定等多方面。而更重要的是，我希望可以打破人们对平面设计的先入之见，扩大其范畴。当人们发现"一名平面设计师原来还可以做到这一点"时，这有助于提升他们对于平面设计师潜力的期待值。如果你可以对所有的事物进行推测，从字母到图像再到运动的画面，从三维项目到所有可见的东西，甚至可以将不可见的东西可视化，那么将会有大量的工作等着你去做。如果你相信人们由视觉获取的所有信息都可以成为平面设计的素材，那么无论世界如何变化，也总有工作需要你去做。

但无论我进行了怎样的逻辑分析过程，都不妨碍我对手绘的热爱。现如今的每样工作都可以数字化，但我依旧会手绘出每一道线条，我会用手勾勒出所有的想法，有时我还会刻意在最终的结果中保留手绘的特征。我并不否认数字化的作用，但既然我们有幸拥有无法用机械交换的人类的身体，为什么不让它发挥应有的作用呢?

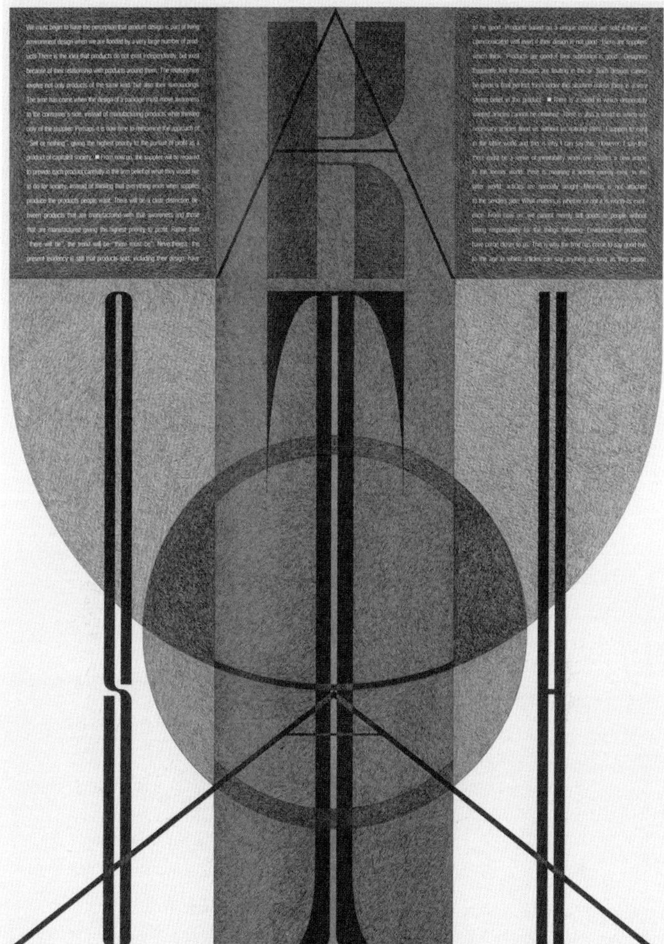
TAKU SATOH DESIGN OFFICE INC. ▸ KOBU TSUKIJI BLDG. 5F. 3-10-9 TSUKIJI CHUO-KU TOKYO JAPAN 〒104. PHONE 03-3546-7901 FACSIMILE 03-3544-0067

ボコボコ bokoboko： 颠簸的、崎岖不平的

文乐 Bunraku： 传统木偶戏

屏风 byōbu： 日式折叠屏风

风吕敷 furoshiki： 包裹用织物

ふわふわ fuwafuwa： 松软的、毛茸茸的

芸者 geisha： 艺伎，日本表演艺术职业

ぐるぐる guruguru： 兜圈子

八十八 hachij ū -hachi： 八十八

八十九 hachij ū -ku： 八十九

箸 hashi： 筷子

ひらがな hiragana： 平假名，日语基本表音字符，与汉字和日文字符一起使用

ひそひそ hisohiso： 窃窃私语

ほどほど hodo–hodo： 适可而止

一升瓶 isshōbin： 比 1.5 升的大个儿葡萄酒瓶稍大的清酒瓶

居酒屋 Izakaya： 供应酒精饮料和小碟食物的小酒馆

歌舞伎 Kabuki： 高度程式化的古典戏剧舞蹈表演

漢字 kanji： 日语汉字，最初是由中国汉字中的象形文字改编而成

カタカナ katakana： 片假名，日语中用于表达外来语发音的字母表

かわいい kawaii： 可爱

米 kome： 未经烹煮的大米

狂言 Kyōgen： 一种穿插于能剧剧目之间的传统喜剧表演

民芸 mingei： 民间工艺

無 mu： 虚无

にほんごであそぼ *Nihongo de Asobo, Let's Play in Japanese*：电视节目

のれん noren：门帘

おちょこ ochoko：小清酒杯

おいしい oishii：美味的、可口的

ラーメン ramen：拉面

自然 shizen：本身、应有的模样

書 sho：碳墨书法

職人 shokunin：工匠

tema hima：花费时间和精力

徳利 tokkuri：清酒壶

浮世絵 ukiyo-e：浮世绘版画

解る wakaru：理解

分ける wakeru：区分

和紙 washi：手工制作的纸

第 IX 页

三宅一生品牌 PLEATS PLEASE 动物系列广告（2015）

图像设计

艺术指导：佐藤卓

设计师：佐藤卓、野间真吾

客户：三宅一生品牌 PLEATS PLEASE

第 7 页

图片由山田纤维有限公司（Yamada Sen-I Co.）旗下商店 MUSUBI 提供

第 8 页

图片中的屏风现位于华盛顿史密森学会下属的弗利尔美术馆（Freer Gallery of Art Washington）

捐赠：查尔斯 · 朗 · 弗利尔（Charles Lang Freer），F1896.82

拍摄：笠松则通

第 10、12、13 页

一甲纯麦威士忌项目（1984）

规划与设计

艺术指导：佐藤卓

客户：一甲威士忌蒸馏有限公司

第 18 页

图片源自网站

第 24 页

银座八五拉面馆（2018）

创意总监兼艺术指导：佐藤卓

设计师：铃木绫芽

客户：银座八五拉面馆

第 26 页

日本第一台电饭煲（东芝集团，1955）

图片由东芝科学馆提供

第 31、32 页

蜜丝佛陀彩妆系列（1986）

产品设计

设计师：佐藤卓

客户：彩妆品牌蜜丝佛陀

第 34 页

乐天木糖醇口香糖（1997—）

包装设计

艺术指导：佐藤卓

设计师：佐藤卓、利田京子

客户：韩国乐天集团

第 37 页

21_21 Design Sight 标识

艺术指导：佐藤卓

设计师：佐藤卓、大石一治

客户：21_21 Design Sight 美术馆

第 40、41 页

展览“啊！设计”现场（2013）

展览设计

展览总监：佐藤卓、中村优吾

创意总监兼艺术指导：佐藤卓

设计师：长岛林

主办方：21_21 Design Sight 美术馆、日本广播协会旗下教育公司和日本广播协会

第 42 页

金泽 21 世纪美术馆标识（2004）

标识设计

艺术指导：佐藤卓

设计师：佐藤卓、大石一治

客户：金泽 21 世纪美术馆

第 43 页

日本爱思必本生系列（2017—）

包装设计

艺术指导：佐藤卓

设计师：佐藤卓、山崎佑里

客户：日本爱思必食品有限公司

第 44、45 页

日本爱思必香料和草本系列（2006—）

包装设计

艺术指导：佐藤卓

设计师：佐藤卓、日下部正子

客户：日本爱思必食品有限公司

第 46 页

广岛的呼唤（2015）

海报设计

设计师：佐藤卓

客户：广岛国际文化基金会（Hiroshima International Cultural Foundation）、广岛和平创建基金（Hiroshima Peace Creation Fund）和日本广岛市平面设计师协会（Graphic Designers Association Inc.）

第 48 页

三宅一生子品牌Bao Bao标识（2010）

标识设计

艺术指导：佐藤卓

设计师：佐藤卓、野间慎吾

客户：三宅一生子品牌 Bao Bao

第 51、56、57 页

木质石头（2010）

产品设计

设计师：佐藤卓

第 53 页

卡马奇凳（2009）

产品设计

设计师：佐藤卓

客户：雉子舍家具工坊

第 54 页

京都造形艺术大学校徽（2013）

标识设计

艺术指导：佐藤卓

设计师：佐藤卓、铃木绫芽

客户：京都造形艺术大学

第 62 页

对比图源于佐藤卓

第 65、67、68 页

味滋康公司 210 周年纪念项目（2013）

包装设计

艺术指导：佐藤卓

设计师：佐藤卓、日下部正子

客户：日本味滋康有限公司

第 77、78、81 页

日本广播协会电视节目《用日语玩耍吧》（2003—）

标识设计与方案策划

艺术指导：佐藤卓

设计师：佐藤卓、三泽紫乃

客户：日本广播协会

第 82、84、85、86 页

拟声词屋顶（2017）

策划与设计

艺术指导：佐藤卓

设计师：佐藤卓、铃木绫芽

客户：富山县艺术与设计博物馆

第 88、90、91、93 页

红薯干学校（2007—）

区域项目负责人

艺术指导：佐藤卓

设计师：佐藤卓、福原夏子

客户：一般社团法人红薯干协会

第 94 页

三宅一生品牌 PLEATS PLEASE 便当盒系列（2005）

图像设计

艺术指导：佐藤卓

设计师：佐藤卓、大石一治

客户：三宅一生品牌 PLEATS PLEASE

第 96 页，上方

三宅一生品牌 PLEATS PLEASE 动物系列（2015）

图像设计

艺术指导：佐藤卓

设计师： 佐藤卓、野间真吾

客户： 三宅一生品牌 PLEATS PLEASE

第 96 页，下方

三宅一生品牌 PLEATS PLEASE 植物系列（2014）

图像设计

艺术指导： 佐藤卓

设计师： 佐藤卓、野间真吾

客户： 三宅一生品牌 PLEATS PLEASE

第 97 页，上方

三宅一生品牌 PLEATS PLEASE 周年庆（2012）

图像设计

艺术指导： 佐藤卓

设计师： 佐藤卓、野间真吾

客户： 三宅一生品牌 PLEATS PLEASE

第 97 页，下方

三宅一生品牌 PLEATS PLEASE 植物系列（2017）

图像设计

艺术指导： 佐藤卓

设计师： 佐藤卓、山崎佑里

客户： 三宅一生品牌 PLEATS PLEASE

第 99 页

三宅一生品牌 PLEATS PLEASE 海系列广告（2018）

图像设计

艺术指导： 佐藤卓

设计师： 佐藤卓、山崎佑里

客户： 三宅一生品牌 PLEATS PLEASE

第 102 页

三宅一生巴黎系列 1977—1999: 受邀自横尾忠则（2005）

书籍设计

艺术指导： 佐藤卓

设计师： 佐藤卓、大石一治、桑祐成

客户： Bijutsu Shuppan-sha 出版社

第 104 页

会津清川有机农法纯米酒（1989）

包装设计

艺术指导：佐藤卓

设计师：佐藤卓

客户：会津清川有机农法纯米酒

第 111、112、115 页

展览“时间和精力：东北生活的艺术”（2012）

展览设计

展览总监：佐藤卓、深泽直人

设计师：佐藤卓、冈本健

主办方：21_21 Design Sight 美术馆

第 116 页

图片源自网站

第 119 页

一甲原桶原酒威士忌项目（1985）

包装设计

艺术指导：佐藤卓

设计师：佐藤卓

客户：一甲威士忌蒸馏有限公司

第 123、126 页

P.G.C.D. 项目（2000—）

包装设计与产品设计

艺术指导：佐藤卓

设计师：佐藤卓、三泽紫乃

客户：日本 P.G.C.D. 有限公司

第 127 页

明治乳业美味鲜奶（2001—）

包装设计

艺术指导：佐藤卓

设计师：佐藤卓、三泽紫乃

客户：日本明治乳业有限公司

第 135 页

北海道大米（2005）

包装设计

艺术指导：佐藤卓

设计师：佐藤卓、桑祐成

客户：日本北联农业协同联合会

第 136 页

冲浪的佐藤卓

拍摄： 克拉克 · 利特尔（Clark Little）

第 140 页

展览“21 世纪的信息”（1999）

海报设计

艺术指导： 佐藤卓

设计师： 佐藤卓

主办方： 日本设计委员会

第 141 页

佐藤卓绘制东京 2020 官方艺术海报

奥林匹克之云（2020）

海报设计

艺术指导： 佐藤卓

设计师： 佐藤卓

主办方： 东京奥组委

第 145 页

佐藤卓设计事务所海报（1991）

海报设计

艺术指导： 佐藤卓

设计师： 佐藤卓

未来，属于终身学习者

我们正在亲历前所未有的变革——互联网改变了信息传递的方式，指数级技术快速发展并颠覆商业世界，人工智能正在侵占越来越多的人类领地。

面对这些变化，我们需要问自己：未来需要什么样的人才？

答案是，成为终身学习者。终身学习意味着永不停歇地追求全面的知识结构、强大的逻辑思考能力和敏锐的感知力。这是一种能够在不断变化中随时重建、更新认知体系的能力。阅读，无疑是帮助我们提高这种能力的最佳途径。

在充满不确定性的时代，答案并不总是简单地出现在书本之中。“读万卷书”不仅要亲自阅读、广泛阅读，也需要我们深入探索好书的内部世界，让知识不再局限于书本之中。

湛庐阅读 App：与最聪明的人共同进化

我们现在推出全新的湛庐阅读 App，它将成为您在书本之外，践行终身学习的场所。

- 不用考虑“读什么”。这里汇集了湛庐所有纸质书、电子书、有声书和各种阅读服务。
- 可以学习“怎么读”。我们提供包括课程、精读班和讲书在内的全方位阅读解决方案。
- 谁来领读？您能最先了解到作者、译者、专家等大咖的前沿洞见，他们是高质量思想的源泉。
- 与谁共读？您将加入优秀的读者和终身学习者的行列，他们对阅读和学习具有持久的热情和源源不断的动力。

在湛庐阅读 App 首页，编辑为您精选了经典书目和优质音视频内容，每天早、中、晚更新，满足您不间断的阅读需求。

【特别专题】【主题书单】【人物特写】等原创专栏，提供专业、深度的解读和选书参考，回应社会议题，是您了解湛庐近千位重要作者思想的独家渠道。

在每本图书的详情页，您将通过深度导读栏目【专家视点】【深度访谈】和【书评】读懂、读透一本好书。

通过这个不设限的学习平台，您在任何时间、任何地点都能获得有价值的思想，并通过阅读实现终身学习。我们邀您共建一个与最聪明的人共同进化的社区，使其成为先进思想交汇的聚集地，这正是我们的使命和价值所在。

CHEERS

湛庐阅读 App
使用指南

读什么

- 纸质书
- 电子书
- 有声书

与谁共读

- 主题书单
- 特别专题
- 人物特写
- 日更专栏
- 编辑推荐

怎么读

- 课程
- 精读班
- 讲书
- 测一测
- 参考文献
- 图片资料

谁来领读

- 专家视点
- 深度访谈
- 书评
- 精彩视频

图书在版编目（CIP）数据

刚刚好的设计 /（日）佐藤卓著；巩剑译 . -- 杭州：浙江科学技术出版社，2024. 7. -- ISBN 978-7-5739-1303-6

Ⅰ. TB21-53

中国国家版本馆 CIP 数据核字第 2024BV2445 号

书　　名　**刚刚好的设计**
著　　者　[日] 佐藤卓
译　　者　巩剑

出版发行　**浙江科学技术出版社**
地址：杭州市环城北路 177 号　邮政编码：310006
办公室电话：0571－85176593
销售部电话：0571－85062597
E-mail:zkpress@zkpress.com
印　　刷　中国电影出版社印刷厂

开　　本	880mm×1230mm　1/32	**印　　张**	5.875
字　　数	80 千字	**插　　页**	1
版　　次	2024 年 7 月第 1 版	**印　　次**	2024 年 7 月第 1 次印刷
书　　号	ISBN 978-7-5739-1303-6	**定　　价**	89.90 元

责任编辑　柳丽敏　　**责任美编**　金　晖
责任校对　张　宁　　**责任印务**　田　文